所谓命运，其实就是潜意识

99%的人不知道的母体思维

［瑞典］卡琳·泰恩　著
于翠红　贾广民　译

·北 京·

图书在版编目（CIP）数据

所谓命运，其实就是潜意识：99%的人不知道的母体思维 /（瑞典）卡琳·泰恩著；于翠红，贾广民译. —北京：文化发展出版社，2024.2
书名原文：Mind Hacking for Rebels: a Practical Guide to Power and Freedom
ISBN 978-7-5142-4200-3

Ⅰ.①所… Ⅱ.①卡… ②于… ③贾… Ⅲ.①下意识－心理学－通俗读物 Ⅳ.①B842.7-49

中国国家版本馆CIP数据核字(2024)第032845号

Original English language edition published by Morgan James Publishing, Copyright © 2021 by Karin Tydén.
Simplified Chinese Characters-language edition Copyright © 2024 by Karin Tydén. All rights reserved.
Copyright licensed by Waterside Productions, Inc., arranged with Andrew Nurnberg Associates International Limited.

北京市版权局著作权合同登记号：图字 01-2023-6255

所谓命运，其实就是潜意识：
99%的人不知道的母体思维

著　者：[瑞典]卡琳·泰恩
译　者：于翠红　贾广民

出 版 人：宋　娜　　　　责任印制：杨　骏
责任编辑：孙豆豆　　　　责任校对：岳智勇
特约编辑：唐　三　　　　封面设计：于沧海
出版发行：文化发展出版社（北京市翠微路2号 邮编：100036）
网　　址：www.wenhuafazhan.com
经　　销：全国新华书店
印　　刷：河北文扬印刷有限公司

开　本：880mm×1230mm　1/32
字　数：172千字
印　张：9
版　次：2024年2月第1版
印　次：2024年2月第1次印刷

定　价：49.80元
ＩＳＢＮ：978-7-5142-4200-3

◆　如有印装质量问题，请电话联系：010-68567015

致　谢

　　谢谢我那群卓尔不群的好友——特蕾西娅、安妮特和尼娜。过去的一年里，你们一直是我坚强的支柱。如果没有你们的鼎力支持，本书绝无问世可能。我也要谢谢我亲爱的客户们，是你们持续不断地鼓励我进行创作，才有了今天的这本书。

　　感谢本书的出版人，摩根·詹姆斯出版社的吉姆·霍华德，你一直认为这本书值得人手一册，这给予我莫大的鼓舞。感谢编辑科特尼·多内尔森，你妙笔生花、观点独到，让本书行文和结构得以大幅提升。

理应如此。
It should be

关于我

我是个酷爱冒险之人，喜欢到人迹罕至的地方探险。

有时，我甚至会走得很远很远，乃至怀疑是否还能找到回来的路。

我生在一个家教严苛的家庭。由于父母笃信宗教，从小到大，在我家里，上帝的话就是真理。爸爸非常自恋，不过，我很喜欢他。不时地，他会带我去体验一些惊心动魄的冒险。在我眼里，这样的爸爸是最好的。

我们会在瓢泼大雨和隆隆雷声中，或登高爬山或下海畅游；大雪苍茫之时，我们会在车辆牵引下体验一把回转滑雪的刺激；心血来潮之际，我们也会深入大山，到那些人迹罕至的洞穴中寻觅宝藏。爸爸教会我认识大自然，让我懂得如何照顾生病的动物，怎样搭建小棚屋，以及如何使用弓箭；从爸爸那儿，我洞悉了宇宙的奥

所谓命运，其实就是潜意识：
99% 的人不知道的母体思维

秘，学会了维也纳华尔兹[1]；从爸爸那儿，我学会言谈举止得体有度，并拥有了一双发现生活之美的眼睛。

不过，爸爸情绪不太稳定，一旦受到刺激，就会变得喜怒无常、说话尖酸刻薄。妈妈在家中的存在感不强，她很少外露感情，整日里不苟言笑，拒人于千里之外，却倾其所能尽到了一个母亲的责任。然而，在宗法性教义男尊女卑思维的影响下，妈妈显得人微言轻、微不足道。我曾惨遭虐待殴打，也曾被人孤立，甚至还曾在大庭广众之下被惩戒、羞辱，也会在胁迫或压迫之下做一些自己不愿意做的事情。但以上种种让我成了更好的自己。

18岁一到，我便将以前的生活抛诸身后，拉着行李箱，毅然决然地走出了家门。我对自己的生活做了一次大重启，一次彻底的重置。在一无家庭、二无外援、三无资金、四无社会经验的情况下，我只身一人来到大千世界闯荡，开启属于自己的生活。我的小日子一度过得有声有色，经我尝试的许多事情大都获得成功。我在电视台干过，也从事过市场营销、品牌推广和公关工作，这些职业工资优渥，也有意思。遇到的朋友们都很酷，交往过的男友大多是正人君子。一股疯狂的力量在内心不停地涌动，驱使我将人生发挥到极致。

---

1 维也纳华尔兹（Viennese Waltz），亦称"快华尔兹"，是摩登舞项目之一。维也纳华尔兹节奏轻盈、充满活力，动作舒展大方，舞步轻快。——译者注

关于我

然而，在我35岁时，遇到的一切却令我抓狂不已。先前悬而未决的问题加之缺乏规划给我的生活带来一场浩劫。于是，我决定清零重置、从头来过。但这次重启布满荆棘，因为我没法再对那些隐藏于潜意识深处的问题视而不见。我花费了长达20年才走完这段旅程。现如今，我百炼成钢、无拘无束，将"力量"与"自由"收入囊中。当然，时不时地，我还是会怀疑自己，也会犯错，恨自己不够强大，对于做过的事情懊悔不迭，总感觉应该做得更好一些，更机敏一点，动作更快些，心地更善良一些……但总体来说，我认为自己堂堂正正、光明磊落，足以配得上"好人"之名。这种感觉太棒了！

我爸爸是同事口中"万里挑一"的男人。他喜欢通过动手拆解物件，探寻其背后的机械原理，然后制造、更换没用的零部件。在个人发展方面，我亦如是。不过，我对探索和理解人类的运行方式更感兴趣。我的思维会穿越时空，探索"现实"并淘汰那些对生活无益的部分。我酷爱冒险，喜欢到人迹罕至的地方探险。有时，我甚至会走得很远很远，乃至怀疑是否还能找到回来的路。童年创伤、职业压力、烦闷抑郁、自怨自艾、迷茫困惑、悲伤绝望，凡此种种，所有经历，我都将之化为扫平障碍、打开心智之门的钥匙。

如今，我是一名破解人类心灵世界的"黑客"，热衷于扭转人们的现实。我希望帮助四海之众清除心理、情绪和精神上的障碍，让他们找到属于自己的"力量"，创造属于自己的"自由"。过去的我，因为别无选择，不得不走过一段漫漫长路，为了不让大家步

所谓命运，其实就是潜意识：
99% 的人不知道的母体思维

我后尘，我在催眠术的基础上新创了一种心灵疗法，希冀通过我的几轮咨询就能让客户的生活发生翻天覆地的变化。凭借高度敏锐的感知力，我能够在短时间内获取与某个人有关的信息，捕捉其信息之海中最小的涟漪，发现隐藏最深的问题，并将之清除。我能够理解思维、感受、行为的运作机制，获取产生问题的"程序编程"，让新的思维、感受和行为得以迅速创建。童年经受的虐待、惩罚和羞辱赋予我巨大的勇气，使我能够与来访者携手步入错综复杂的内心世界，并从内心的绝境中走出来。

我希望本书能激励你成为一个叛逆者，让你拥有属于自己的"力量"和"自由"！

关于本书

我反抗，故我在。

——阿尔贝·加缪[1]

叛逆者有其不同于常人的特质。他/她喜欢挑战未知、直面真相、行不苟合，他/她坚持自我、心直口快、敢说敢做，他/她信心十足、从容不迫、志在必得，他/她不会以别人的意志为转移，我行我素、特立独行，勇于做自己生活的主人。鉴于上述特质，我想鼓舞更多的人成为叛逆者。

我是一个叛逆者。18岁时，便离开了家人和朋友，走出家乡，独自一人在他乡异域打拼。在此之前，我两手空空，既没有与外界打交道的经验，也没有金钱和学历加持，甚至不知道自己该何去何

---

[1] 阿尔贝·加缪（Albert Camus，1913年11月7日—1960年1月4日），20世纪著名的哲学家之一。加缪在44岁时荣获诺贝尔文学奖，成为历史上第二年轻获此殊荣的人。

所谓命运，其实就是潜意识：
99% 的人不知道的母体思维

从。彼时的我，可谓孑然一身、浪迹天涯。幸运的是，那时的我犹如初生牛犊，并不知前途会多么坎坷，如若那时我就知道生活中的狂风骤雨和惊涛骇浪的话，我可能永远都不敢踏上这段冒险之旅。

当开启个人的成长之旅时，一个人身边应有绝地武士[1]的控心术相伴左右，以助其乘风破浪、布帆无恙。本书的创作愿景正基于此。我想助你成为一个叛逆者，但这并不意味着你要不加区别地抛弃一切，你要抛弃的只是那些对你毫无用处的东西，即那些陈腐的条条框框、界限和恐惧。我希望你收获属于自己的"力量"和"自由"，创造自己的未来。

诚然，书中所言绝非绝对真理，只是我作为心灵"黑客"和心理疏导师的总结，毕竟我已为成千上万名客户会诊，积累的经验尚属可观。通过与客户交流，我渐渐洞悉那些阻碍人们发展的问题、限制、障碍和恐惧等产生的原因，知道该如何扭转这一局面，让它们随风而逝，进而让受伤的心灵获得疗愈。疏导师、治疗师、哲学家和研究人员之间的区别在于其看待事物的角度。角度不同，所用方法也自然迥异。"弱水三千，只取一瓢"，本书中，我只选择心理疏导过程中那些最吸引我的内容呈现给大家，推荐给大家的方法

---

[1] 绝地武士，《星球大战》系列电影中的绝地武士团成员。绝地武士相信宇宙中存在一种无形的能量，即原力。"原力"亦被称作"生命力"，寓意光明与美好。原力是绝地武士用以捍卫银河系和平与正义的制胜法宝。绝地武士可以通过原力，使出"控心术"从而给对方制造幻觉，进而误导对方。

关于本书

也都在客户身上获得了立竿见影、卓有成效的印证。

在本书中，我刻意避免援引相关的科学研究和文献，目的在于删繁就简，使本书真正成为一本简明扼要、直指问题核心的大众读物。在本书中，我不向读者做任何声明，不为你们的症状提供任何诊断，也不做能够治愈你们的承诺。我只希望帮助你们改变看待自己和生活的视角。如果你们能对我的倾囊相授领略一二，我便不胜欣喜了。

除了基于科学研究的事实之外，我还结合自己对世界各地的客户长达数千小时的咨询，提出了我的思考和观察。书中不乏解决问题的锦囊妙计，对一些问题的真知灼见，以及行之有效的"黑客"信条[1]。最后，我还在本书末尾提供了一份清单，供你细品。

作者声明

虽然书中的诸多"黑客"信条均有科学研究依据，且成千上万实践者的生活都因此焕然一新，但我仍不能为你是否能够获得期望的结果打包票。因为成效在很大程度上取决于你自己做出承诺和改

---

[1] "黑客"信条，通过寻找最行之有效的方法从而优化人们的心态。这种方法就像简单易行、快速上手的小贴士，具有实践价值。

变的意愿。同样,对本书内容的解读因人而异,由此做出的抉择也各不相同,我不会为你的解读和抉择担责。如果你已被确诊或面临精神不适,建议你向医护人员寻求帮助,纾困解难。

阅读方法

以下小技巧可以助你获得最大的阅读效果,并将你的个人潜能发挥到极致。

第一,读书旨在顿悟见性,而非攫取信息。所谓信息,数据尔尔,然而洞见,可谓吉光片羽,珍贵罕见。洞见就是发现先前一直未能发现之物,并由此产生审视己身与世界的全新视角。我们时常需要重新审视过往的观念和认识。通常,读到的东西沉淀下来需要一个过程,因此,洞见可能不会立刻出现。然而,几周之后,或在你乘车上班的路上,或在你淋浴之时,洞见便悄然而至,一泻而出。只要富有耐心,洞见就会在你万事俱备时御风而来。

第二,循序渐进。不要试图一口气读完本书,因为书中呈现的"黑客"信条不是短时间能消化得了的。有个原则你需要遵循:循序渐进。不妨从书中提供的方法里挑选几个,勤加练习,直至出现成效。你亦可以从生活中的某一特定部分着手,毕竟小修小补也会让我们日日进步嘛!

第三,走自己的路。人类思维及其运作方式遵循一定的原则和规律。倘若你了解了自身的编程及其背后的运作机制，你便可以玩转规则，找到自己卓尔不群的超能力。虽然书中的"黑客"信条可助你一臂之力，但通往成功之路必须由你自己定义。

第四，视进步为冒险，而非任务。不要将本书的内容罗列于清单之上挨个尝试一番，也不要将之视为问题的标准答案。你要去探索！探索时要保持开放的心态！不要有压力。阅读本书时，除非你真的想，否则你无须从头到尾、逐字逐句、按部就班地阅读。时不时读一章就好，然后来一次探索之旅，尝试一下某个"黑客"信条，但请务必保持好奇！

多久能看到效果

一分耕耘，一分收获。你需要不断练习、持之以恒。大多数人都会注意到，结果会随着时间的推移而丰盈。要知道，变化往往"润物细无声"。也许在某天某地某个瞬间，你会突然发现，昔日困扰你的惶恐担忧早已烟消云散，取而代之的是如花笑靥，或者你会发现自己在某种情况下的反应已经发生了翻天覆地的改变。写日志是个不错的主意，把你注意到的每一个细小变化都记录下来。如此，既能够追溯过去，又能见证自己的进步，岂不快哉？

一起加入心灵"黑客"的行动吧！

CONTENTS

第一章　成为叛逆者

何谓破解心灵 / 003

我何以成为一名叛逆者 / 004

60 秒速览 / 006

第二章　母体

什么是母体 / 008

母体是如何工作的 / 009

5% 与 95% 的较量 / 010

下载期 / 012

如何安装我们的程序 / 014

我们可以拥有哪些编程 / 024

我们为什么不放弃糟糕的策略 / 033

什么程序在控制你 / 035

普遍的结论和策略 / 036

探索之旅 / 039

60 秒速览 / 042

第三章　破解代码

消极思维总爱先发制人 / 044
观察世界的高清镜头 / 046

探索之旅 / 049
60 秒速览 / 076

第四章　松开刹车

自尊和自信 / 079
一切皆有可能 / 082
先人一步的自我怀疑 / 084

探索之旅 / 088
60 秒速览 / 110

第五章　患上了情绪痉挛

情绪和感受 / 112
你有情绪痉挛吗 / 113
有勇无谋的冒险 / 115
慢半拍的身体 / 117
分子与信息 / 119
人类是具有习惯的生物 / 120

我就这样 / 122
感受不见得让你称心如意 / 124
我们能够控制自身感受吗 / 126

探索之旅 / 128
60 秒速览 / 136

第六章　征服恐惧

焦虑症和惊恐发作 / 140
我们害怕失控 / 142
拉响警报 / 145
自动驾驶模式启动 / 145
恐惧使你噤若寒蝉 / 146

探索之旅 / 157
60 秒速览 / 170

第七章　你好，朋友

人类的基本需求 / 175
你好，朋友 / 180
我犯了一个错误 / 181
我不优秀 / 183

探索之旅 / 187
60 秒速览 / 194

第八章　欲速则不达

为何不能慢下来呢 / 197
放松时刻 / 197
我们的脑电波 / 198
各司其职的脑电波 / 202

探索之旅 / 207
60 秒速览 / 222

第九章　激活内在的 GPS 系统

我们的 GPS 始终活跃 / 225
理解自身信号 / 228

探索之旅 / 231
60 秒速览 / 244

第十章　跟着能量走

伟大的激情 / 246

替换"激情"一词 / 247
无须找到合适的那一个 / 248
不必知道"如何" / 248
无须直来直去 / 251

探索之旅 / 252
60 秒速览 / 259

第十一章　心智

心脏——第五大脑 / 263
明心见性 / 263

探索之旅 / 265
60 秒速览 / 268

后记：你，天选之子 / 269

第一章

成为叛逆者

心灵"黑客"——用最行之有效的方法优化心态

所谓命运，其实就是潜意识：
99%的人不知道的母体思维

电影场景：

> 某个废弃的老旅店，一间壁纸脱落的房间内。一位眼戴墨镜、身穿黑色皮革风衣的男人倚坐在一把皮质扶手椅上，他的对面坐着一位少不更事的程序员。室外雷声隆隆。
>
> "什么真相？"程序员尼奥问道。
>
> 男子名叫墨菲斯。只见他往前探了探身，开口说道："你只是个奴隶，尼奥。你和其他人一样，你们生而为奴，出生在一个不知其味、无法触摸的监狱中——一座为你的精神世界打造的监狱。很不幸的是，没人能告诉你，母体是什么，你得自己亲眼去看。"
>
> （来自1999年上映的电影《黑客帝国》[1]）

尼奥渐渐明白自己一直生活在模拟现实中，所谓的"母体"不过是一串数据代码而已。尼奥明白，是他高深莫测的思维赋予了他在母体构建的模拟现实中无视规则、绕道而行的本领。于是，尼奥加入了叛逆者行列。他清楚母体的运行规律，知道怎么做才能突破限制普罗大众的物理定律，也懂得如何才能获得超能力。废除奴役、通向自由成了他的心之所向。

有人将电影《黑客帝国》中模拟现实的监狱解读为当今人类生

---

[1] 电影《黑客帝国》由华纳兄弟和威秀影业于1999年发行，由沃卓斯基兄弟执导。

活的世界和社会，也有人将其与人类的精神监狱相提并论。不管是哪种情况，受思维循环所困，人们无异于生活在一所无形的监狱中，虽被囚禁其中，却始终笃信这是唯一存在的现实，同时认为现实颠扑不破、亘古不变。殊不知，人们完全也可以像《黑客帝国》里演的那般，破解代码，玩转规则，获得超能力。

何谓破解心灵

"黑客"一词源于20世纪60年代的计算机编程亚文化。据《黑客字典》，黑客即"乐于学习编程系统的细节，并善于扩展其能力的个体"。与那些只学习最基本知识的多数用户大相径庭，黑客都是叛逆者。虽然其手段和意图各异，但他们大多数人似乎都有一种独特的精神气质，即信守承诺、精神独立、渴望自由，并愿与他人携手并进、共创辉煌。

随着时间的推移，"黑客行为"一词被赋予了更广泛的含义。今天，与黑客沾边的术语不胜枚举，比如，生物黑客、意识黑客、心流黑客、心灵黑客、大脑黑客、神经黑客和生活黑客等。

黑客行为一词发端于1955年的麻省理工学院。当某个复杂问题的解决方案异乎寻常时，研究者就冠以"黑客行为"进行描述。尽管有很多不同类型，但黑客行为都有一个共同点，那就是找到最卓有成效的问题解决方案，从而优化人类体验。黑客们以**自我责任**

心作为其行为宗旨。他们不依赖外部权威的照拂，而是统筹一切可用信息，开展一个个实验，并进行开放式协作，从而挑起自身发展的大旗，创造梦寐以求的生活。

心灵黑客行为指借助某种方法揭示人类思维运行机制的行为。黑客们往往不按传统方式出牌，在技术手段的使用上，有时会特别标新立异、别出心裁。心灵黑客的工作目标就是找到最行之有效的方法以优化心态，即快速、有效地帮助我们改变想法、感受、体验、理解和行动，以便找到属于我们自己的"力量"和"自由"。因为要变成自己想要成为的人，创造自己想要的生活，一个人需要为整个过程负责，需要成为一名黑客，一个叛逆者。

我何以成为一名叛逆者

20世纪最受瞩目的哲学家之一、诺贝尔文学奖得主阿尔贝·加缪曾说："我反抗，故我在。"要成为一名叛逆者，你需要构建不同于常人的特质，你要敢于质疑，有主见、不盲从，坚持自我，做自己的选择；你要敢于说出你的所想所感，而不必在意别人怎么想、怎么看；你不会以别人的意志为转移，而是我行我素、特立独行，始终做自己生活的主人。上述品质之本质，一言以蔽之，就是人们常说的高度自尊心和自信心。

人人都能成为叛逆者。你只需下定决心，步步践行。你还可以从"黑客三原则"中获得启发。

原则一：黑客行为不设门槛，人皆可有。

本书所列黑客信条，你尽可随意取用，并根据自身情况进行调整。你还可以将之推荐给别人使用。如果那样的话，你就化身为一名向他人传道授业的开拓者，一名他人争相效仿的先进榜样。

原则二：黑客行为具有实验性特征，而你就是那个实验。

测试，调整，重新测试，失败，重新测试，重新评估，重新测试……这些可能都是实验过程绕不开的环节。因此，我鼓励你永葆好奇之心。但仅仅好奇还不够，你还需要勇敢些，以便必要时远离你的舒适区。你需要成为一个叛逆者，因为有时你不得不打破常规。

原则三：成为黑客意味着成为大师。

真正的黑客必定拥有希冀征服世界一隅的信念。无论是知晓心仪乐队所有歌曲的先后发行顺序，还是拥有世界上最大的尚品收藏，抑或是在音乐游戏中一骑绝尘，黑客旨在"化不可能为可能"。要想成为自己思维的捍卫者，你需要持之以恒，练习，练习，再练习！

是时候潜入自己的母体了！

60 秒速览

一旦破译了自己的母体代码，你便能玩转思维规则，从而彻底改变。

破解心灵旨在弄清人类思维内部的工作机制，找到行之有效的方法，使心态得以优化。

黑客们以自我责任心作为其行为宗旨，于此，便能构建属于自己的"力量"和"自由"。

叛逆者需要构建不同于常人的特质，始终做自己生活的主人。

黑客行为不设门槛，人皆可有。在该过程中，你就是那个实验。

黑客旨在"化不可能为可能"。

第二章

母体

母体是集程序于一体的操作系统，
掌控着你的思想、情绪和行为。其游戏规则便是你的信念。

所谓命运，其实就是潜意识：
99% 的人不知道的母体思维

若想改变母体，首先你得弄明白什么是母体，以及母体是如何运作的。所谓母体，无非就是一串代码、一套编程。一个人的所思所感、所作所为不对劲时，问题往往不在于人，而在于母体的编程出了差错。

什么是母体

母体，犹如一套由程序组合而成的操作系统，存在于潜意识之中，囊括了我们呱呱坠地以来的全部代码，并对我们的思想、感受和行为加以控制。潜意识像极了大型数据库，能将我们的经历、信念、记忆和技能统统收存其中，譬如所学的知识，适应环境的能力，赢得别人喜爱和认可的方法，确保自己生命无忧的锦囊，免受痛苦折磨的疗法，明辨是非、进退得宜的策略，甚至所思所想、所感所作，都概莫能外。潜意识能让我们分清虚妄和现实，明辨是非与曲直，发现自我价值及力所不及。作为一个由信念组成的系统，母体中蕴含的诸多"真理"，既关乎人类己身，又关乎人类世界，还关乎人类的潜能与局限，堪为一种与生俱来、奇妙无比的生存机制。比如，为让别人喜欢自己，接纳自己，理解自己，或让自己安全无忧，小孩子必须快速学会洞悉周围环境及规则的本领。伴随经验的积累，他（她）还能进一步知晓如何获得安全感与群体认同。人类潜意识可同时容纳"积极/扩张"编程和"消极/限制"编程，

第二章 母体

并在已存储信息的基础上构建操作系统,即母体,引导我们于日常生活中掌握社会生存之道,品味喜怒哀乐,体会人情冷暖。可以说,人们大部分的想法、感受、行为都离不开母体的操控。

母体是如何工作的

自孩提时代起,我们便形成了风格迥异的自我信念和生活信念,也掌握了不少克敌制胜的策略。潜意识一旦认可了某件事,就会将之奉为真理,无论真假好坏,都会恪守不渝。久而久之,这种信念和策略会发展成我们的处事原则。对95%的人来说,处事原则在35岁之前就大致定型。此后,信念、态度、记忆方式和情绪反应大抵会如计算机程序般机械式运行。我们的潜意识数据库,就像执行所有程序的计算机一样,将一切信息悉数收纳,规行矩步地做出反应。

让我给你举个例子。如果你有一位上司,一遇到冲突便虚与委蛇,推给员工自行解决,你定会为此愤怒,认为他/她疏于尽责,颇为可恨。然而,这背后可能隐藏着一个你想不到的原因,上司之所以在冲突中选择回避可能源于其孩提时代的经历。那时,每当父母吵架,他/她都无力制止,只能眼巴巴地看着。而父母冲突一旦升级,他/她就会躲到自己的房间里,不敢露面。因其从小就懂得,如若不想让自己陷入恐惧和无力的境地,就要"逃"字为先。成年之后,除非他/她刻意回避,否则儿时掌握的程序会在适合的情境下自行启动。因此，每当冲突一触即发，其潜意识编程，即母体，便会以同样的方式激活这一策略。此时此景给他/她带来了童年时期的那种恐惧感和无助感，应对策略也是现成的：到房间里躲起来。

神经学家发现，约95%的日常行为受控于人类的潜意识。这意味着，在我们有意识做出某个决定之前，潜意识早已领先一步完成了。正因如此，我们有时会感觉，自己似乎被某种内在的东西"劫持"了。这也可解释冲突出现时，缘何你的上司不再像个成年人了：潜意识程序已将其"劫持"，并指令他/她像小时候那样进行处理。要知道，潜意识不会衡量程序的好坏，除非我们有意更改程序，否则它只会一直按照安装好的程序运行。如果我们运气不好，从一开始就出现编程错误，那么潜意识就会拉着我们一错到底，但绝不意味着作为计算机的潜意识存在什么问题，它不过按部就班地运行已安装的程序而已。因此，不要克己自责。错在编程，而你没做错任何事！这是你该学着去做出改变的地方。

5%与95%的较量

设想一下，此刻你正骑着一头体积庞大的大象。如果你已将这头大象驯得服服帖帖，就可以指挥若定，让它按照你的意愿行动。如果你让它往东，它偏偏往西，那么你就会束手无策。人类的潜意

第二章 母体

识就像一头大象,既可以让"显意识"[1]担当骑手,也可以信马由缰、我行我素。

　　人脑中负责逻辑与分析的意识部分在现代人类大脑进化中最晚出现。大脑额叶的前额叶皮质作为指挥中心,其本领不容小觑。不但我们设定目标、处理信息、制订计划离不开它,而且集中精神、保持清醒、解决问题也离不开它。正是前额叶皮质的加持,我们才能做出最优选择,不断进步。此外,潜意识还能把经常做的事情设置为自动化,为我们的生活锦上添花。凭借显意识,我们不仅有机会看到每个处于运行中的程序,还能随时将之中断。然而,问题恰恰就出在这里。我们往往过分高估显意识的能动作用,而忘记了它只不过是人类进化中的一个附加品,仅能作用于其所关注的为数不多的内容。根据神经学家的说法,一天中显意识活跃的时间仅为5%,剩余95%均由潜意识掌控,可以说,潜意识几乎包揽了我们所做的一切。神经学家乔·迪斯本札认为,人类显意识每秒处理的信息量约为2000比特[2],但潜意识每秒可以处理的信息量高达4000亿比特。正如发展生物学家布鲁斯·立普顿所言,潜意识比显意识强100万倍,前者每天做出的决定是后者的1000多倍。鉴于潜意识具

---

[1] 显意识,又译作"意识心"。——译者注
[2] 比特(bit),又称"位",指二进制中的一位,是计算机内部数据储存的最小单位。——译者注

有短时间内处理大量信息的能力，我们绝大多数决定概莫能外均出自潜意识之手。

许多时候，当你还在全神贯注于眼前发生的事情时，潜意识早已将目标瞄准了其他，因而你压根儿都不知道有个程序正在运行。届时，如果潜意识运行了一个对你不利的程序，而你对此还一无所知的话，该程序势必会给你带来障碍：尽管你有意想做一件事，可潜意识却全然不顾你的努力，执行了另一套完全不同的程序，而且十之八九，显意识都会在与潜意识的对垒中败下阵来。

举个例子。单身的你在参加某个派对时，突然发现，心目中的白马王子就站在你的面前，笑意盈盈。此时此刻，你大脑中的意识部分（如果仍在运作）一定会这样想：他正朝我笑呢。感觉他为人不错，我是不是该跟他打个招呼去。毕竟，我也到了谈婚论嫁的年龄，过了这村可就没这店了。可是你的潜意识很可能就不这么想了。因为之前经历过几段失败恋情，潜意识会一丝不苟地追踪着一切预示感情变质、可能会让你受伤的蛛丝马迹。最后，你并没有走上前去打招呼，而是在潜意识的驱使下，到了房间另一头的自助用餐区，吃了些奶酪，喝了点红酒，然后努力地想弄明白自己到底怎么了。

下载期

打个比方，婴儿的出生好比成年人登陆一个崭新的星球，快速

第二章 母体

掌握生存之道是当务之急。因此，生存和归属是动物与生俱来的本能。于人而言，缺乏归属感位列致命社交错误之冠。一只被族群孤立的动物难以在世上存活，同样，一个被家庭或社区抛弃的孩子也注定无路可走。无论是通过基因的代代相传，还是借助社会经验的记忆累积，我们皆对这个道理了然于心，并时刻警醒自己，千万别成为家庭或部落眼中的"异端分子"，否则会使自己身处险境、处处碰壁，甚或有被逐出族群、成为孤家寡人的危险。

因此，大自然设计出一种应对之策，让大脑自出生之日起，就直接进入发育的快车道，以便在3岁时，就能将80%的功能深谙于心；不仅如此，大自然还让人类在生命最初的6~7年求知若渴。我们将之称为"下载期"。处于该时期的我们不会放过眼睛看到的任何细节。通过观察父母和他人的言谈举止，审视他们如何处理自己及与他人和生活的关系，我们很快就懂得了什么是爱，知可为而为，知不可为而不为，知道怎么让别人喜欢自己、接纳自己，如何远离危险、免受痛苦等。我们将所有游戏规则悉数下载，目的很单纯：让自己存活下去。

人类最基本的生存策略之一是尽可能趋同我们的照顾者。为了实现这个目的，一种特殊的神经元——镜像神经元，大显身手。通过模仿照顾者的行为，我们收获了来自他/她的正向关注。"看，丽莎在朝我笑呢！她是不是很可爱呢？"如此亦步亦趋式的学习也蕴含缺点，即我们变得人云亦云、毫无主见。如果妈妈一看到蜘蛛便放声尖叫，那么在孩子眼中，蜘蛛就意味着危险。换言之，如果妈妈是一位热忱于蜘蛛研究的科学家，那么蜘蛛可能就成了孩子的兴趣所在。毕竟，少不更事的孩子可不会就蜘蛛的危险性或趣味性展开辩论。

人脑中含有意识的部分执掌"逻辑"与"分析"，并对我们摄入的信息予以评估。如此，我们便能对遇到的人、事和状况进行解释，并给出正确的结论。然而，人类的这部分功能直至25岁左右才会趋于成熟。正因如此，儿时的我们不管不顾，根本不会甄别信息的好坏，于是很多信息便乘虚而入，藏身于我们的潜意识之海。到了六七岁，人脑的基础设施初步建成，坚定的信念也在此时各就各位。如果爸爸对你说："跟你说过多少次了……"长此以往，你的默认设置可能让你觉得"我真笨啊，我不行"。如果幼年的探索经历曾给你招来一顿批评痛骂，那么你将来便不会乐于"尝鲜"。如果父母经常向你展示什么是对的，什么是错的，你就会变得随波逐流，听之任之，除非听命于人，否则你会一直躺平。当某件事情达到一定的重复次数，"信念"就诞生了。

然而，有一点需要着重强调：并非全部编程都会在孩提时代完工。青少年和成年阶段的经历以及遇到的人、碰上的事，也会对我们施以影响。

如何安装我们的程序

能对人类编程施以影响的因素屈指可数，但其中最重要的无非

第二章 母体

以下几点：

- 生物预编程
- 我们被抚养、对待的方式
- 我们身边的榜样
- 我们的经历以及我们对事情的见解
- 人脑的误导
- 人脑对于存活和保护的专注度
- 人脑对于节约能量的专注度

生物预编程

　　人体内预先编制了成百上千种具有生物特性的生存机制。比如，婴儿无人陪伴、独自一人，或受到陌生人惊吓时，会表现出恐惧与不安。同样，婴儿还预先配备了寻求安全感的强大编程。再比如，人类对甜食、咸食和脂肪情有独钟。对人类祖先而言，这些美味不像家常便饭一样唾手可得，于是，人体进行了预先编程，以便寻找它们，渴求它们，并在找到后吃掉它们。几千年前，这可是个了不起的壮举，人类的香火才得以延续。然而，在24小时皆有食物供应的今天，这可不是一件美事。食品生产商知道人类的生物特性容易被什么吸引，于是，为了增加销量，有些生产商便将过量的糖、盐和脂肪完美地融进了所加工的食品中。

抚养及对待

人类信念和策略的诞生源于人类被养育和对待的方式。在这种方式的影响下，我们创造出的信念和策略也变得越来越多、越来越强大，直至完全掌控我们的生活。对我们而言，成年人的一言一行皆事关重大，哪怕他们一言不发，在孩子看来也别有深意。如果成年人疏于表扬、鼓励和理解，或者只盯着我们的过错，那么在成长过程中，我们便会轻视自己，认为自己一无是处，生怕犯错和失败。通常而言，我们的父母和其他成年人本是好意，他们只不过想让我们成功，希望我们能适应环境，如此便能如鱼得水、游刃有余。由此可见，要想培养一个自尊自强的孩子，家长首先要尊重孩子，重视孩子的所需。

我们的榜样

健康信念的形成离不开优秀榜样的示范。儿时的我们来者不拒，他人的一言一行被我们悉数接纳，并在此基础上形成了我们的信念。要知道，只有当我们步入成年，才能创造自己的信念。权威人士的言谈举止给我们树立了榜样，让我们知道如何为人处世。我们努力效仿成年人的一言一行，希望自己成年后也能像他们那样。如果能认识到这点，我们便能改变这些程序。假如你的父母不苟言笑，很少说"我爱你"，那么成年后，你可以有意识地让自己成为一个爱意满满的人，并尽可能多地对你的孩子或伴侣说"我爱你"。然而，风险依然存在，因为你会在不知不觉中践行父母的行事风格，很少向子女或伴侣表达爱意。

我们的经历和见解

那些看似微不足道的经历在孩子眼中往往是惊天动地的大事。被人责备、父母离异、频繁转学、父母生二胎、在商店迷路等，这些经历都会变成我们编程的代码，并在随后的日子里困扰我们。同样，积极的经历也能对我们施加影响，并让我们从中收获安全、坚定和自尊。我们的一言一行通常体现着我们对事物的解读。

厘清事情的千头万绪，知晓万事万物的工作原理，这些都会驱使年轻的大脑尽快发育。蹒跚学步的孩子就像小科学家，通过观察、实验，进而得出结论，于是便有了"要是我哭了，会有人过来安慰我""把奶嘴扔掉，它还会回来"的想法。通过观察周围的世界，我们搞懂了正在发生的是怎么一回事。得出的每一个结论都坚定了我们的信念。即便某件事没人做错，也不存在不良意图，但在孩子看来，也可能阴云密布。让我举个例子。

共享聚光灯

玛德琳总觉得自己低人一等，她很少为自己据理力争，也很少关注自己的需求。在被自卑感压抑多年之后，她决定改变这种状况。在咨询中，我们发现，早在她的小妹妹呱呱坠地之时，玛德琳的自尊心就开始动摇了。那时，4岁的她突然感觉，聚光灯已偏移，她不再是舞台的焦点。看到人人都喜欢抱着妹妹，逗她玩，自己却被嘱咐做个好姐姐，玛德琳认为这不公平。凭什么自己要承担这么多的要求，而妹妹则一身轻松？于是，她的自尊心受到极大冲击。毕竟一个年仅4岁的小女孩不会明白，父母给予妹妹更多呵护，只因妹妹尚处于襁褓之中，但这不影响玛德琳仍是父母眼中的小公主。玛德琳可能也不明白，父母在照顾新生儿和4岁的孩子上有何不同。自卑的第一颗种子可能就在于此。不是父母刻意忽视玛德琳，而是玛德琳对情形的理解使她坚信自己不再是父母眼中的掌上明珠了。当她意识到，现实情况根本不是自己理解的那样，便能以积极向上的心态看待此事，认识到自身的价值和贡献。最后，我们看到了可喜的结果：玛德琳重拾了自我和自尊心。

一个伤及自尊的误解可能会引发其他情况，让你感觉自己惨遭

第二章 母体

忽视、无足轻重。有时，这种感觉是对的；有时，则是你的片面解读。一个不争的事实是，你的信念最后得以巩固，并作为默认模式加以保存。毕竟，大脑喜欢通过自动化节省能量，让自己一身轻松。然而，一旦开启默认模式，误判风险会骤然变大。因为，处于自动驾驶状态的大脑，会以你儿时解读事情的方式看待成人世界里的大事小情，于是风险越变越大，让你认为自己不够优秀，可有可无。一旦坚信别人更优秀、更有才华，你就会越发感觉自己无足轻重，并会以此为基础，指导自己的决断与行为。不仅如此，这种看法还会影响到与你有关联的人和事，让其都朝这个方向靠拢——证明你的确不值一提。自此，你不再为自己据理力争，也不再重视自己的需求。伴随你的气场衰微，对你嗤之以鼻、蛮横无理的人剧增，你的境地每况愈下。

不安全感并非只是产生于恐惧、焦虑、自卑、安全感缺失等被定义为重大创伤的经历，认识到这一点至关重要。孩提时期，我们的大脑和神经系统仍在发育，每当我们置身幼儿园、做错事惹怒妈妈或爸爸，或在学校被戏弄时，不安全感便生根发芽。这让我们不得不对周围的环境予以特殊关注，久而久之，时刻保持警惕便成为一种习惯。神经系统认为不好的事随时会发生，我们需要随时警惕再警惕……因为神经系统自我们童年时期就是如此运作的。于是，幼时为紧急情况所做的准备便酿成了成年后的内心风暴。

人脑的误导

当大脑误入歧途，误解便大行其道。此类情况在我作为心理导师的工作生涯中，比比皆是。一旦某事发生，大脑便会对周围环境来个快拍，然后将图像的各个部分与其他因素相联系。例如，人们常有的危机感，就是大脑在提醒我们要规避未来可能的威胁。我与某个犹疑难断的男性患者之间的咨询便是一个很好的例子。有趣的是，我们不但找到了总让他忧心忡忡的根源，还有个额外发现：他对麸质过敏。他上大学时，经常疲于应对各种作业、考试。每天早上，在骑自行车前往学校的途中，他会从途经的面包店买个面包作为一天额外的能量补给。于是，他的大脑和免疫系统便将面包与压力、危险联系在一起。每当他吃面包时，警报便会拉响。当他知道压力不在于吃面包，而在于风马牛不相及的事物时，他也就不再对麸质过敏了。

另一个有趣的例子来自一位害怕狗狗的女性，但她根本不记得之前曾有过任何与狗狗狭路相逢的不悦经历。经过交流，我们发现这种恐惧竟源于她两三岁时的一次经历。那天，她正坐在地板上玩。在厨房忙碌的妈妈不知摔了什么东西，声音特别刺耳。她当即就吓得跳了起来。她的大脑警觉地对周围环境进行快拍，而就在那时，电视上出现了一只狗的画面。于是，大脑便将恐惧和惊吓与狗狗相关联，从而让小女孩对狗产生了恐惧。

我们也会误解好坏的来源。一个常见的例子是，无论我们感到

第二章 母体

幸福还是不幸，都会认为那是拜伴侣所赐。这是因为，直接将原因归咎于周围的环境或人简单易行。于是乎，为了方便起见，我们往往不会追究事情是否另有他因（比如，内部编程和思维模式）。当我们将所有注意力都倾注于外部发生的事情时，也就将我们的全部能量引导到了那里。

存活与保护

为了让我们活下去，人脑在安全环境的创造上可谓不遗余力，那些标新立异、困难重重、危机四伏、惊悚恐怖之事皆被悉数拒之门外。所有消极信息都逃不过大脑的法眼，不仅如此，它还对任何可能危及安全或生存的信息登记在册。大脑讨厌涉足自己舒适区之外的领域，却对一切它熟悉、能识别的事情青睐有加，这样才能满足其安全感和控制欲。那些孩提时代掌握的策略，因能保证我们获得爱和安全，得以永远保留。哪怕明知它们既不利于我们长远发展，又阻碍我们实现心之所向。

不仅如此，我们的显意识和潜意识也各自为政，都认为各自的选择才是最适合我们的。二者在愿望和策略上存在冲突的情况已屡见不鲜。例如，因体重超标，你有了减肥的想法，此时显意识可能举双手赞成，但潜意识的看法可能与之完全相反。倘若，潜意识觉得，这次节食会让过往类似情况下的痛苦卷土重来，它会说："算了吧，你不应该减肥。"倘若，潜意识中已安装的某个程序在嘀咕："想要自己看起来很棒的感觉？你可不配。"那么，潜意识便会信以为"真"，并秉承这种想法说出："算了吧，你不应该减肥。"又倘若，你可能会因减肥失败，而伤心失落、自怨自艾，那么潜意识便会发挥其保护作用，让你免受这些感觉的侵袭，并对你说："算了吧，你不应该减肥。"再倘若，潜意识已经领教过关系结束之殇，如果你减肥成功，很可能会进入一段新的恋情，并再次面临受伤的风险，于是潜意识便会说出："算了吧，你不应该减肥。"潜意识想要保护你免受痛苦。由于任何别出心裁、捉摸不透的想法均可能招致危险，在潜意识看来，最好的方法就是止步不前。因此，即使你发自内心地觉得不该如此，潜意识仍可能会将它认定的策略坚持到底。

节约能量

为何生活中的大多数决定都出自潜意识之手呢？这背后还有一个原因。那就是大脑想节约能量以备来日之需。为此，它会将你做的大多数事情进行自动化和简单化处理。默认模式网络，或称自动驾驶系统便是幕后执行者。自动驾驶系统使你做事高效，让你免去事事操心的烦恼。设想一下，如果每次刷牙，都要考虑一下如何握牙刷；或者每次都要考虑一下如何打开咖啡机，如何打开正门……得益于潜意识，你能够自动执行许多事情，要不然，大脑中的能量

第二章 母体

可就消耗殆尽了。

你可能还记得当初是怎么学习开车的吧？那时，你必须全神贯注于每个动作，丝毫没有精力顾及其他事情。即便这样，你的显意识还未必能够将所有事情都处理好，时不时地，还要依赖教练提醒。几年过后的今天，你可以在开车时一心二用了。比如，与乘客交谈，听音乐，或者思考次日你要展示的工作报告。突然之间，你便神不知鬼不觉地抵达了目的地。潜意识负责开车时，显意识就被解放出来做其他事情了。某件事情重复做几次，便能自动进行，这便是大脑的节能方式。

人类的潜意识可以运行很多程序，它们不仅方便我们的日常生活，还能为大脑保存能量。自动操作不会引发什么问题，问题在于，如果采用自动操作，我们应该处于直连模式，即勇于创造、互联互通、集中精神、反复推敲、做出明智之选。如果我们的自动驾驶系统处于运行状态，而编程却是负面的，那我们便不会深思熟虑、三思而行，而是随机做出决定，甚至做出最糟糕的决定。如果我们自动将消极思维代入己身，轻视自身技能和自我价值的话，我们便会妄自菲薄。

大脑总想通过节省能量让自己过得安闲自得，所以它会选择近路包抄，即挑选之前多次实践的思维模式和行为方式。这便可以解释，人们为什么有时会一条路走到黑。因为你走这条路的次数越多，就会越发喜欢走这条路。最后，即便你想打破这种模式，也积重难返了。

我们可以拥有哪些编程

人体内的编程数量不受限制。编程可以是中立的发现,也可以是不掺杂任何感情色彩的事实。它们或随波逐流,或特立独行,或有意而为,或有感而发,或消极局限,或积极正面。编程甚至可以遗传。研究表明,记忆可以通过人类DNA中发生的化学变化进行生物遗传。

以下消极片面的编程语言是客户最常提及的:

·我没有_____(价值、才华、善心……)

·我不_____(重要、配、敢、知道……)

·我不能_____(实现、应对、成功……)

·我没那么_____(重要、聪明、贴心、优秀、富裕……)

·我没有足够的_____(时间、金钱、支持、精力、朋友、信任感……)

·我不想让别人觉得我_____(蠢笨、无聊、软弱、失败……)

·我_____(无能、无聊、无趣、孤独、愚蠢、令人失望、太嫩、太老……)

·没有人_____(喜欢我、爱我、倾听我、理解我、为我不计回报……)

第二章 母体

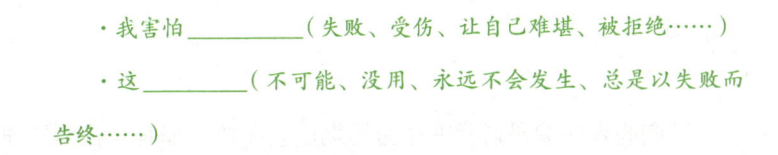

・我害怕_____（失败、受伤、让自己难堪、被拒绝……）

・这_____（不可能、没用、永远不会发生、总是以失败而告终……）

如果潜意识将我们曾经有过的挫折失败、表现欠佳或束手无策的经历编入程序，这些思维模式将最终成为我们标准程序上的一环。于是，相关想法和感受便开始自动生成。一旦内心的负面声音跃升为默认模式网络的一部分，每当我们觉得自己不够优秀、一无是处或不配享受美好时，它们便会启动，指引我们按其指令行事。可以说，我们创造的价值取向，最终变成了囚禁我们的精神监狱。

然后，我们的潜意识便会：

・运行那个适用于当前所处情形的最佳程序。这一程序专注于保护我们免受痛苦，让我们生存下去，并让我们从中获得爱意、接纳、安全感。这一程序就是我们常说的守护者。

・运行那个我们从小就信任的能够适用于特定情况的程序，这一程序就是我们常说的家长。

・根据我们对自身情况、自我能力、自我价值，以及别人对待我们的方式获得的结论，运行一个标准程序。这一程序就是我们常说的身份。

守护者

我们的程序编码通常在生命早期就已完成。那时，我们的理解与选择能力仍有待发展。这意味着，我们儿时获得的策略会在成年时期发挥适得其反的作用，有时甚至让人觉得我们行事像个孩子。我想借下面的例子，解释一下守护者是如何诞生及保护我们的。

好痛

约翰走进我办公室的时候，看上去踌躇满志。他一表人才，在交谈中，我还发现他聪明睿智、温良谦恭。然而，实际生活中，约翰却是一个遇见女性就害羞的人。一有女人靠近，他要么说话言不由衷，要么就玩现场"大逃亡"。约翰最大的梦想是找到另一半，组建一个家庭，但这似乎遥不可及，因为他发现自己一靠近女性就浑身不自在。

早在幼年时候，约翰在女孩面前就害羞得要命。他希望长大后就变好，但显然，问题并不出在年龄上。通过交流，我们发现这种胆怯始于他8岁时的一次经历。当时，约翰班上有一个叫珍妮的小姑娘，因为长得特别可爱，男孩子们总爱围在她身边，希望博得珍妮的喜欢。约翰认为自己肯定没有机会，但内心深处，又不想错过机会。于是，有一天，他终于鼓起积累了整整一学期的勇气，径直走到珍妮面前,向她发出了邀约,结果可想而知,珍妮拒绝了他!

在我们的治疗过程中,约翰的神经系统再次惊恐失措,与他8岁那年遭拒所承受的痛苦如出一辙。被拒之时,从胸口深处袭来的疼痛一度让他无能为力、束手无策。于是,约翰的大脑迅速按下了快拍键,并很快得出结论:女孩很危险,最好不要靠近,否则一旦被她们拒绝,会让人痛不欲生。守护者的启动键按下之后,一旦有女孩靠近,守护者便会启动已为约翰选定的策略:约翰要么语无伦次,要么"溜"字当先。无论是以前,还是现在,只要碰到女孩,该程序便会加载运行。得益于守护者的工作,约翰对女孩因爱生恐的风险被降至最低。女孩要么觉得约翰是个怪人,要么看他如何逃之夭夭。如此,约翰避免了被拒的风险。不被拒绝就没有风险,你不觉得这很合情合理吗?

为什么我们成年后还继续使用这些消极,有时还很幼稚的策略呢?坦白来说,是因为信念和策略没有截止日期,二者可以永久驻扎于潜意识中。由于头脑中那些陈旧观念仍孜孜不倦地工作在一线,于是批评之音、怀疑之音、恐惧之音、愧疚之音、担忧之音便吹进了你的耳朵。再加上,每一个信念和策略的诞生都有其充分的原因,这使你相信,这个解释正确无误;这个策略是最佳之选,或是唯一可用之选。一旦信念和策略入驻,哪怕周遭环境沧海桑田,它也会永续运行。鉴于潜意识也觉得策略奏效,便不会考虑去做更换。一段时间过后,所选策略便与我们融为一体，我们甚至不会感觉到它的存在。习惯就是由我们创造的策略演变而来的。守护者为我们工作的时间越长，对待工作就越驾轻就熟。每当我们被那些带有消极色彩的因素触发时，守护者便会弹出，继而掌控全局。它甚至还有一个名字：突发性反应综合征。因此，一旦有人触动我们的按钮，我们便会本能地做出回应。

　　但这也成了孕育问题的温床。在约翰的案例中，无法接近女孩是有代价的，这个代价就是孤单，孤单是很折磨人的。那么，为什么潜意识更喜欢孤单带来的痛苦，而不是遭受拒绝带来的痛苦呢？一种可能的解释是，人类的潜意识对疼痛强度进行了排序。以约翰为例，与孤单引发的低强度、慢性"摩擦性疼痛"相比，遭受拒绝的痛苦来得更强烈、更糟糕。起初，我觉得每个人的情况迥异，但会诊过几千个客户之后，一个结论切切实实地展露在眼前：绝大多数人选择承受更加轻微的摩擦性疼痛，而非剧烈的高强度疼痛。除非这些轻微的摩擦性疼痛发展至我们无法承受的地步，否则我们就不会有所行动。

　　我觉得这有点像被鞋子磨伤了脚。你穿着华丽的鞋子站在那里，虽然脚后跟会因此有些许擦伤，但你忍得了，因为这双鞋让你看起来很漂亮。于是，你会继续选择穿这双鞋子，想着再怎么磨脚也不过如此了。几个小时后，脚上磨出的水泡让你疼得要命，直到此时，换鞋才成了当务之急。

　　随着时间的推移，我们的潜意识已经学会了分辨快乐与痛苦，

第二章 母体

知道前者能让我们神清气爽，后者则让我们一塌糊涂。为了捍卫我们的福祉，守护者制定了使我们免于陷入消极和痛苦的保护策略。所以说，不要再因自己一反常态的想法、感受、行为而自怨自艾啦。要知道，你的守护者对你的身体、心理、情绪和精神所做的种种都是想让你活下去，尽管这种对小孩子有效的策略可能对成年人徒劳无功。

父母

我们从父母和权威人士的言传身教中，学会了如何像他们一样应对不同的复杂情况。我们也从周围环境中知道了什么样的言谈举止才是符合社会价值观的。然后，当我们面对生活中的不同情况时，潜意识便不管三七二十一，将我们已经学会的策略拿来就用。

你可能对这句话有所耳闻：孩子们从来不做你告诉他们的事，他们只做你做过的事。这比你想象得更加真实。如果妈妈或爸爸不会为自己据理力争的话，那么孩子也会变得沉默寡言，从不与人争执。孩子会认为自己低人一等，因而对自己的意见、感受和需求置之不理。我经常遇到诸如此类的客户，他们从不坚持自我，从不表露心迹，从不交付真心，从不肯定自我。因为从来没有人向他们展示过该如何做。父母是孩子最好的老师，理应向孩子展示应对不同情绪和情况的方法。

身份

我们的生活经历造就了我们对自身能力和自我价值的信念。当我们是孩子时，家庭成员和周围的成年人对待我们的方式，实际上为我们创造了一种了解自己身份和能力的标准程序。心理学教授丹尼尔·吉尔伯特表示，人生中46.9%的时间处于标准模式，即自动操作模式。对你而言，刷牙、穿裤子、喝咖啡完全是小菜一碟。一旦你对自己产生了消极想法，情况就不容乐观了。因为，如果你总以一种默认的消极态度对待自身、自身能力及自我价值，长远来说，你不会感觉良好，目标的实现也会遥不可及。

我不如人

苏珊虽然工作十分努力，但是总觉得自己做得还不够好。她认为别人更优秀、更聪明、懂得更多，不免时常忧心忡忡。苏珊希望能对自己所做的工作满怀成就感，也渴望成为部门的负责人，但同时她又感觉这个目标遥不可及。因为她觉得比自己"更优秀"的人大有人在，他们更有机会获得这一职位。

这种对自身能力极不自信的感受，早在苏珊2岁时就产生了，并自此如影随形。那天，苏珊正坐在地板上玩积木，爸爸见状，就在她身旁坐了下来，顺手搭了一座积木高塔。当然，苏珊也想搭一个与爸爸比试一番，却没能成功。看到苏珊不停地搭建高塔，塔却倒了又

第二章 母体

倒，爸爸笑了，可能本意只是想缓解一下气氛，但苏珊以为爸爸在嘲笑自己。她勃然大怒，在无比沮丧和失望的双重打压下，她号啕大哭起来。后来，爸爸将苏珊从积木堆里抱了起来，让她做点其他事情，尝试转移注意力。

苏珊对于这件事情的解读颇为有趣。由于孩子们看待事情的视角各不相同，在此，我不能一概而论地说，所有孩子都会像苏珊那样做此反应。但我在从业过程中注意到，这样做的孩子应该不少。在苏珊的案例中，她的解释是："爸爸行，我不行。"这便是种进苏珊潜意识的第一粒种子。倘若，苏珊年龄再大一些，意识发展得更成熟些，她便能进行一番符合逻辑的自我分析与推理。要是她明白，一个2岁孩子的运动技能尚未发育完全，她也没有像爸爸那样进行过那么多次的实操训练，说不定她还会感觉自己在搭建积木方面技术不赖呢。积木倒了，只不过说明自己还缺乏练习。多训练几次，积累些经验，她便可以像爸爸那样，搭建同等高度的积木高塔了。

童年时代，苏珊与他人进行比较的事件层出不穷，这些比较就像积木，一个接一个地搭在了一起。最后，发展成了苏珊的价值观，并让她得出结论：我不如人。自此，苏珊开始遵循该法则行事。她非但没有专注于这方面的学习和发展，而是变得忧心忡忡。要知道，担心可不是什么好兆头，毕竟大脑想要节省能量。持续不断地担心会消耗大量能量，让人变得疲惫不堪。"我做得不够好，别人行而我不行"成了苏珊内心的箴言，最终发展成苏珊脑中的一套标准程序，并成了压倒她的最后一根稻草。于是，苏珊变得心力交瘁，既无法专注于当

所谓命运，其实就是潜意识：
99% 的人不知道的母体思维

  前的工作，也无法从工作之外的其他领域中获得提升。沮丧的阴霾开始逼近。

  然而，苏珊并未意识到，自己与之相比的那些人往往年纪更大些，阅历更广些，工作也更努力些。她也没有意识到，焦虑正在啃噬她的能量，而她本可以用这些能量滋养自身，更好地成长和进步的。当苏珊明白，自己并不比别人差多少，虽然目前不如别人，但可以通过不断学习提升自我，沮丧的阴霾便随风而逝了。随着标准程序改头换面，她不再惴惴不安，工作能力日益精进。仅仅半年，她就如愿以偿，成了部门负责人。

  当标准程序与身份融为一体时，我们便会说："我就是这样。"任何针对个人想法、感受、行为的改变无疑是放弃自己的一部分身份，很多人都会为此感到恐惧不安。这是因为，我们在创建个人身份时付出了太多，所以很想让这一身份得以保持，如此，便清楚自己是谁。而改变编程则意味着放弃先前熟悉的身份，走出搭建好的现实生活和安逸空间，抛开那些已经习以为常的想法、感受、行为，自然会让人感到空虚不安。毕竟，一直以来，我们依赖自己的身份就如同依赖酒精、香烟、购物和食物一样，一旦放弃，肯定会感到极为不适。

  大脑喜欢调用标准程序。尽管凭借意志，你可以对想法、感受和行为进行更改，但不一会儿，潜意识便会调动其编程，将之重新拉回至默认状态。因此，为了实现长期变化，你需要"清零重置"。

我们为什么不放弃糟糕的策略

一个策略已经证明很糟糕了,为什么不用一个新的、好的取而代之呢?原因有很多,其中,最常见的有如下这些:

·坚持习惯、墨守成规能够节省能量,而推陈出新则会消耗能量。通常情况下,只有那些别具一格、举足轻重的事才会让显意识得以激活。

·人脑中内嵌的默认模式网络,即所谓的自动驾驶系统具有消极色彩,会蒙蔽我们的双眼,让我们对新方案或新契机视而不见。

·我们觉得自己不配拥有良好的感受。

·习得性无助,致使我们相信,我们无法做出改变。

·我们害怕未知,害怕新事物,害怕认知范围之外的东西。

·大脑喜欢驾轻就熟,喜欢掌控事情的运作机理、发展趋势,以便对可能出现的情况做出恰当反应。

·小时候,我们便创造了免于再度遭受负面情绪的应对之策。通常,这些策略关乎我们的生存,一旦创立便很难改变。某一问题初次发生时,如果调用某个策略就奏效的话,潜意识便可能将其视为最佳或唯一可用的策略,并认为该策略是生存的必需品。潜意识会想:"我为什么要改变策略?其他的能行吗?"

下面让我们看个例子。

6岁的你，因为不听话，被父母要求到自己的房间里去思过。你感到愤怒、难过、内疚，并任由这些可怕的情绪在你心里翻江倒海。就在你坐在房间里，思考人生该何去何从之际，桌子上的一些糖果引起了你的注意。为了安慰自己，压制一下内心那些汹涌澎湃的情绪，你吃了起来。过了一小会儿，你感觉好点了，因为吃糖将你从心烦意乱的情绪中抽离了出来。

此时，你的大脑便会得出结论：糖果可以有效缓解悲伤。你的潜意识因而创造出一种策略，即每当强烈情绪来袭，糖果便被推选为最佳解决方案。既然初战告捷，那么将来也肯定能行。潜意识甚至会更进一步，将之视为唯一奏效的解决方案。于是，每当你郁郁寡欢、心烦意乱之时，散步、深呼吸、交谈，或者冲澡都不能让你心平气和。因为潜意识已为你做出决断——非糖果不能解决问题也。于是就发生了如下这一幕：周日晚上9点，你急匆匆地披上外套，穿上鞋子，走出家门，奔向便利店。因为你相信，只要买些糖果吃，就能好起来，否则便会彻底失控。从逻辑上讲，你知道自己不会因此而疯掉，但潜意识告诉你，不吃糖果的话，的确有可能哦。虽然你深知，糖果并不会对事情的解决有所帮助，但潜意识却将糖果视为救命良药。这就是为什么有时我们会觉得自己竟被自己的感受逼得走投无路。实际上，我们渴望的不是糖果，而是希望能从强烈的感受中抽离出来。

小孩子能够用以解决其自身问题的方法非常有限。一个6岁的孩子不可能就"什么是公正的惩罚"和父母展开辩论，一个6

岁的孩子也不可能打开一瓶葡萄酒借酒消愁，一个6岁的孩子更不可能在电话里向朋友倾诉。因此，糖果自然成了照顾自己、安抚情绪，以及分散痛苦的资源。因为当时唯一可用的可能也就只有糖果。

什么程序在控制你

你的生活在很大程度上受潜意识运行的程序和母体的情况所左右。你的编程既能为你托起飞翔的翅膀，也会处处设阻，让你四处碰壁。诚然，自动驾驶系统可以让生活变得方便简单，但如若将所有想法、感受和行为都交给系统自行处理，不免有些说不过去了。尤其当这些想法、感受和行为处于负面情形，那就大事不妙了。因为在那种情形下，潜意识大权在握、统领大局，你已然失去了对事情的控制权。

曾经，我的编程糟糕透顶。我出生和成长在一个宗教家庭，爸爸自恋，妈妈保守。那时的我，是一个超级敏感的孩子。因此，优秀的家庭背景和卓越的自我修养，与我均不沾边。由于爸爸喜怒无常，所以在他身边走动时，我经常得蹑手蹑脚、小心翼翼。我每次"不听话"惹了麻烦时，妈妈便会说："等你爸爸回家，看他怎么收拾你。"接下来的那一整天，我都在忐忑不安中度过。害怕爸爸回来后会大发雷霆，并因此对我大打出手，因为我从来不知道等待我的会是什么惩罚。在我家，受什么惩罚全凭爸爸下班回家时的心情而定。倘若他高兴的话，我就会侥幸逃过一劫；倘若那天爸爸身心俱疲、心情不佳，他便会打我屁股，直至打到他满意为止。于是，我的大脑便构建出以下编程：

·我务必要做到事事完美，因为不出错就不会受罚。这为我多年来恪守的毫无意义的完美主义奠定了基础。幸运的是，现在这种情况已经缓和了很多。

·我无法影响结果。因为左右结果的是旁人（在我的案例中，这个人便是我爸爸）。由于常觉得自己无能为力，我产生了极大的控制欲。多年来的担惊受怕和束手无策让我患上了广泛性焦虑障碍。好在今天，我几乎已将这些担忧全部清理殆尽。

普遍的结论和策略

孩提时代，我们便接二连三地经历了让我们感到糟糕和不悦的事情，我们当然想知道为什么会这样。为避免类似的情况再次发生，我们也会努力想办法解释这些事情发生的原因。因为弄清楚问题的源头，就有可能顺藤摸瓜找到解决问题的办法。同样，若想重获掌控权，我们就要时刻关注目前发生的一切。鉴于幼年时期人们的显意识尚未发育成熟，得出的结论未必正确，相关策略也可能不

第二章 母体

那么奏效。

一些普遍结论如下：

- 大家都不喜欢我，所以我一定讨人嫌。
- 他们伤害、惩罚我，所以我可能是个坏人。
- 没人在乎我，我一定有什么问题。
- 没人懂我。我好孤独。
- 没人愿意和我在一起。我是个累赘。
- 我不够优秀。我很失败。我一文不值。
- 我必须这样做才能成功。
- 要想让需求得到满足，就要又哭又闹。
- 做个隐形人，这样就不会受到伤害。
- 自我封闭，不跟别人接触，这样就不会感到恐惧。
- 如果我为人善良，他们就会喜欢我、照顾我。

结论能够摇身一变成为生活的主题，并因此创造出指导生活的行为策略，然而这些策略未必总对我们有益。以下是我们在日常生活中常用的一些普遍策略：

- 我们努力地找到与他人和解和合作的方式。我们擅长调解，善于讨父母欢心。
- 我们打退堂鼓，然后退回到自己的世界。

- 我们桀骜不驯。我们生气冲动，制造混乱。有时，我们还会霸凌他人。
- 我们精于算计。我们变得精明了，变得精于世故。
- 我们矫枉过正。我们追求技艺纯熟、精益求精。我们立志功成名就，成为所谓"讨人喜欢"的人。

我们既会使用当前有效的策略，也会尝试不同的策略，以此测试外界的反应。自卑之人可能从表面看起来更加盛气凌人；自惭形秽之人对待外人可能会过于友善和慷慨，而对待自己则过于斤斤计较；诚惶诚恐之人行事可能会比较自私霸道，以此获得内心的安全感。当上述策略悉数失灵时，我们还会将之合并使用。

探索之旅

我13岁时，恰逢《星球大战》第一部首映。当时，我对这部电影喜欢得无以复加。片中，我最喜欢的角色之一便是尤达大师。虽然那时我不能悉数领悟其智慧，但我内心的某些东西却得以被唤醒。如今，已是成人的我已然知晓了尤达的睿智。因此，我希望你能在"探索之旅"反思并倾听蕴藏于生活中的内在智慧。

你的第一个探索之旅来了。

如你所知，你固然能依靠意识做出选择，但是不久就会发现，你内在的某些东西已经悄悄地"走马上任"，让你的所作所为事与愿违。你已经根据发生过的事情制定了策略，这样便能在以后的日子里免遭失败。这些策略塑造了你的个性（注：英语中的"个性"，即personality来自希腊语persona，意为面具），构成你的母体，继而影响你余生的想法、感受和行为，除非你下定决心改变它，否则这些策略的影响不会自行消失。

与其怀疑自己，不断批评自己，倒不如扪心自问：是什么让你产生了负面印象，并改变了你？是什么让你像今天这样看待自己？是什么让你以某种方式做出反应？是什么让你放慢脚步？是什么让你在某些地方自欺欺人？是什么策略保护着你，使你免于遭受情绪的影响？

所谓命运，其实就是潜意识：
99% 的人不知道的母体思维

列出你的潜意识清单吧。拿起你的日志，写下："我觉得＿＿＿＿＿＿＿（比如，我自己）是＿＿＿＿＿＿。"随便写写。别想太多，别评判，也别审查，写下你能想到的一切，哪怕是听起来荒谬至极、莫名其妙的事情。让潜意识为你开路吧。

下表中所列的便是涉及不同方面和不同领域的关键词，可套用列出你的潜意识清单：我觉得＿＿＿＿＿＿＿＿＿＿＿＿＿＿＿＿＿＿＿是＿＿＿＿＿＿＿＿＿＿＿＿＿＿＿＿＿＿＿＿＿＿＿＿＿。

我自己	我的机会	世界
我的身体	我的局限	好与坏
我的健康	我的态度	生活
我的工作	我的境遇	宇宙
我的人际关系	财务	往事
我的能力	爱情	未来

请选出3个对你最为重要的信念，然后问问自己：

- 这些信念对我的生活有何影响？
- 我是受到谁的影响才拥有了这些信念？
- 我之前是刻意相信这一点吗？我何时确立了这一信念？为什么要确立？
- 相信这些信念有什么好处？这些信念让我收获了什么？

第二章 母体

- 这些信念让我避免了什么？
- 如果没有这些信念，我会如何？
- 我可以将哪些信念扔掉，并以更积极、更有益、更强大的方案取而代之？

现在，总结你在日常生活中使用的策略吧。哪怕你深知它们大而无用。请随手拿起你的日志，写下你的反思：

- 今天所做的哪些行为，使用的哪些策略，收效甚微？
- 童年时期发生了什么事情，让你创造出某种策略，并沿用至今？
- 你的策略在什么情形下，对什么人无效？
- 你创造了哪些行为和策略用以保护自己免受某些情绪的影响？
- 你希望自己拥有哪些行为和策略？

实际上，你的大脑是可以训练的，这样你就不会总是根据旧编程的指示，自动做出反应。下一章中的"黑客信条"会为你提供新的思路，以及更卓有成效的解决方案，帮助你一改先前的陈腐观念。是时候破解代码，进入母体，并将标准程序"清零重置"了。这可不是即时修复。要知道，对旧想法、感受和行为进行重新编码需要时间，但绝对值得一试。

60 秒速览

潜意识就像一个大型数据库，里面储存着你的所有知识、经历和认知。

你的思想、感受和行为均由母体的程序控制。你的信念便是游戏规则。

只要潜意识认为某个程序是生存的最佳之选，那么该程序将一直保持运行状态，哪怕你发自内心地觉得不该如此。

你的潜意识编程没有截止日期。你的策略会成为你的习惯。

为了节约能量，大脑会予以自动化。一天95%的时间你都受自动驾驶系统的控制。

大脑对于熟悉的事物青睐有加，这样，才能满足我们的安全感和控制欲。这就是为什么你虽不快乐，也依然默守成规，待在自己舒适区的原因。

第三章

破解代码

你说什么,大脑便信什么。

说什么、想什么,可要慎之又慎。

所谓命运，其实就是潜意识：
99% 的人不知道的母体思维

　　美国国家科学基金会的调查数据显示，人的大脑每天会迸发出 6 万~7 万个想法。也就是说，每隔 1 小时就有 2500 个想法诞生。这 2500 个想法中，足足有 2250 个与昨天所想并无二致，其中，负面、消极的想法高达 2000 个。由于 95% 的想法大都一闪而逝，我们甚至都不会真正意识到它们的存在。

　　上述数据准确与否尚待考证，但有一点毋庸置疑，那就是确有很多想法在我们的脑袋里跑来窜去。时至今日，我仍清楚地记得第一次听到这些数据后，脑中闪现出的那个想法：怎么才能把这些消极的观念调调包，换成积极的呢？我敢打包票，这是完全可能的。但我绝不会像其他人那样为了达成这一目标，在房间里焦躁不安地来回踱步，绞尽脑汁地琢磨应对之策，相反，我会平静地告诉自己："肯定能行。我一定能做到。我是个人才，这样的事舍我其谁。"我深知情绪对一个人的巨大影响，所以一直都将良好的情绪状态作为以不变应万变的制胜法宝。正因如此，我比其他人更快乐，也更容易感到满足，每日里都自信满满，即便遇到棘手的问题也能淡定自若、泰然处之。我是怎么做到这一点的呢？别急，很快你就会知道其中的秘诀。

消极思维总爱先发制人

　　消极思维为什么会如此之多呢？原因不外乎以下几种：

第三章 破解代码

·消极思维和焦虑其实是老祖宗传给我们的一个生存之道。想想看，几千年前，人类生活在水深火热、危机四伏的环境中，要想活下去，就要时时保持警觉。当然，想要进一步增加存活的概率，适当规划一下未来也颇有必要。如此，焦虑在不知不觉中悄然萌芽，并为大脑刻上了消极思维的烙印。与那些振奋人心的事情相比，我们更习惯将注意力集中于应对危险和问题。我们的祖先当然不会明白，他们每天面对的生存威胁与我们今天面临的生存压力有何不同。因为那时，人们只需要对潜在危险保持足够警觉就行了：与一头狮子不期而遇时要脚底抹油、跑为上策；考虑到凛冬到来，万物皆枯，就要提前储备食物，避免到时饿肚子；暴风雨来临，不想成为落汤鸡的话，需要找地方躲避。现如今，我们虽不必再为上述这些事情担惊受怕，但新的焦虑如影随形：下周的工作会不会突发意外，通勤的公交车会不会姗姗来迟，透支信用卡能不能按时还上，等等。对我们而言，规划未来的能力犹如一把双刃剑。它既赐予我们规避风险的技能，也将我们置于风暴边缘。我们生怕卷入其中，因此终日惶惶不安。

·我的人生我做主？非也。人生的程序早已被父母、老师等各种因素设定。如果整个大环境笼罩在消极思维之中，生存其中的我们也概莫能外。

·消极思维对于我们宛若一种习惯。举个例子，当你觉得自己不够优秀时，是不是会自然而然地想：我不行，没人瞧得上我，我总失败，我不够优秀。久而久之，消极思维稳占上风并变成你的默认设置。此后，不管遇到什么样的人，面对什么样的情况，这个设置总会自动激活。

· 人们会在不知不觉中沉迷于消极思维,难以自拔。真的假的?千真万确!被厄运笼罩时,我们能真真切切地感到那种恐惧和彷徨。逃出生天的办法很简单:只需将消极思维调成你的标准模式即可。你可能不知道消极思维还能在关键时候发挥救命功效吧?当我们真正陷入麻烦或灾难时,消极思维会立刻站出来,让我们很自然地产生这种感受:果不其然,根本没用,压根儿就不会有好结果。我们既已预知这一结果,当真正的结果揭晓时,也不会过于失望。毕竟,事情仍在我们的掌控之中嘛!但这样做可以满足我们控制的需要。

观察世界的高清镜头

沮丧毕竟是不好的体验。出于对自己的保护,某种程度上,人们都在想方设法对此加以规避。还是举个例子吧。假如小时候你经常在学校受欺负,久而久之,你便会对周围的孩子充满戒心,生怕有人会突然欺负你一下。于是,在消极思维的影响下,你目光所及的一切都成了假想敌,连你自己也不例外。你要么责怪自己太失败,要么抱怨别人怎么都那么坏,或者告诫自己千万别轻信他人。慢慢地,你变得疑神疑鬼,不再信任他人。与此同时,你也会认为自己一无是处,对社会没有贡献。你变得更加孤僻,逃避一切可能的社交场合;看待他人时,也只盯着他们的缺点,而丝毫不在意他

第三章 破解代码

们是否有什么可圈可点之处。此时，消极思维已经成功侵入你的默认设置，并给你看待这个世界的镜头蒙上了一层厚厚的灰尘。想要把镜头擦拭干净，你得保持一个乐观向上的心态，这一点特别重要。

我不行

10岁的艾莎曾是个聪明懂事、天真烂漫的孩子。由于艾莎养成了担惊受怕的坏习惯，所以她的父母找到了我。艾莎担心自己出错，担心自己陷入尴尬局面。

经过咨询，我们发现，艾莎的担忧始于一次野外训练。那天半夜，艾莎醒来后便再也睡不着了。她不敢单独起身，由于不清楚训练营的规矩，她也不知道该做什么、不该做什么。于是，她神志清醒地躺在床上，就这样一动不动地挺到了黎明。当时，艾莎感觉自己就像坠入了万劫不复的深渊。

翌日，艾莎找到领队，表示想给父母打个电话，好让父母接她回家。然而，领队拒绝了艾莎的请求，因为这有违规定。被拒绝后，艾莎知道，她不得不继续忍受接下来担惊受怕的日子。至此，艾莎得出结论：不必将自己的担忧倾诉给他人——因为没人在乎。随后，这条结论便成为艾莎潜意识的一部分。于是，创造一种缓解焦虑、远离无助的新策略成了潜意识的当务之急。

数月之后，艾莎在不经意间发现，如果自己说"我不行"，就可

所谓命运，其实就是潜意识：
99% 的人不知道的母体思维

以拍拍屁股走人，想不做就不做。显然，新策略已然形成了。一段时间后，每当有需要之时，这一策略便冲锋在前，无孔不入。一旦艾莎面临惨遭他人无视、无法做出抉择，或者无计可施的新情况时，潜意识便会通过目录导航，挑选合适的应对策略。

潜意识会说："这就对了。"但是，当艾莎将"我不行"常挂嘴边时，其内心也对此信以为真，于是，她的自信开始逐渐崩塌。艾莎明白，说"我不行"并不光彩，因为这意味着贬低自己。我眼看着艾莎的肩膀垂了下去，她随即向我承认道，她对自己很失望，因为她深知，自己其实有能力"做到"却没有"去做"。

在我的帮助下，艾莎决定删除这个设定，取而代之的是"我不想做""我需要帮助""我害怕"，或者"我需要时间"……在这一新设定的帮助下，"我知道，我能行"取代了"我不行"，艾莎发生了蜕变。自此以后，艾莎敢于争取，敢于寻求帮助，敢于拒绝。我向艾莎的父母解释道，对艾莎来说，不要就自己"行与不行"与他人进行比较，有时她需要多一点时间，放慢步伐。就算有时词不达意，作为父母也需要耐心地倾听，允许她表达自己的意愿。在父母的支持下，艾莎的改变之路一切顺利。

这一案例很好地说明了，消极思维是如何产生，又是如何演变成一种思维策略，直至最终制造出了形形色色的问题。潜意识似乎发现了一个近乎完美的解决策略，然而一眨眼的工夫，这一策略就露出了马脚。

探索之旅

现在，是时候老老实实对自己摊牌了。一起来回顾一下，我们在第二章中建立起的那个信念和策略清单。

- 你的大脑正被什么样的消极思维主导？
- 你对自己的评价是什么？
- 你是否为了保护自己而深陷消极思维的泥潭中无法自拔？
- 你的那些消极思维、消极信念和消极策略是否与你的生活息息相关？
- 之前，你在那些消极思维、消极信念和消极策略上耗费了多少时间和精力？现在呢？将来又如何？

好好考虑一下上述问题，然后将你的答案写在笔记本上吧。

消极思维从何而来？问问自己，你平时都是怎么思考问题的吧。当你开始用一种负面的态度考虑问题时，消极思维就与你如影随形了！不管承认与否，消极思维源于你自身。你应为此承担责任，不能一味将锅甩给他人或环境。因为你越拘泥于身外之事、怨天尤人，就越容易丧失做出改变的力量和能力。虽然，生于当下，每个人的命运不得不受别人和周围环境的影响，有时候完全由不得自己，但是我们还可以选择如何看待问题、如何做出反应。一旦意识到这一点，我们就拿回了属于自己的力量。对自己好一点，多给自己"点赞"。想想吧，头脑里那些悲惨想法、消极思维和忧虑思维不都是我们一点点学来的嘛，只要不再作茧自缚，扔掉它们，轻装前进是完全可能的！人非圣贤，犯糊涂、走弯路在所难免，只要持之以恒、勤加练习，一定会掌握"正确"的思维。下次，当你再度面临人生的分岔路口时，这种思维，定会助你做出正确的选择！

绝地控心术

如何从"消极标准模式"转换至"积极标准模式"？现在，我们将对此进行实操，以便让你有机会选择看待事物、局势和人的角度。黑客信条的神奇功用将引领你积极地思考，帮助你建立起"积极标准模式"。只要经常练习，很快你就会发现自身的想法发生了改变，自然而然，新的思维模式也会随之出现。

黑客信条 1

（1）碾碎自动生成的消极思维

要想废除消极标准设定，你需要关注自己的所思所想。鉴于大脑对你传达的信息深信不疑，跟自己交流时，言语上要慎之又慎。

第三章 破解代码

要知道,你对自己、他人和当下情形的表述,都会化身为你看待世界的镜头。你吐露的语言恰如一面镜子,将你的行为、想法、经历,以及态度折射得淋漓尽致。

因此,你要做的第一步就是关注自己何时会对自我、周边环境和所处情形产生消极思维。你应该搜寻"自动生成的消极思维"。在你脑海中盘旋的那个声音是否是消极的?你通常会产生哪些消极思维?什么样的环境诱因会让你胡思乱想、自惭形秽、张皇失措?一旦诱因出现,体内的消极默认设置很有可能就会被激活。一句话、一个动作、一种味道、一个季节,甚至是一扇门……一切皆可能成为诱因。

危险之门

塞西莉亚酷爱骑马,但其中有个环节让她深恶痛绝——骑行通过马厩的大门。每当大门出现在视线之内,塞西莉亚就觉得马儿局促不安,她感到如坐针毡,生怕一不小心就会从马背上摔下来。为了最大限度地安抚马儿,每次通过马厩大门时,塞西莉亚都竭尽全力地让自己保持冷静。

然而,我们观察到的情况与塞西莉亚的感觉截然相反:早在马儿紧张之前,她就会有一些异常反应了。塞西莉亚每次骑行经过马厩大门时,为何都会战战兢兢呢?莫非她预感到马会出现什么问题,或者让她有坠马的风险?事实上,背后的原因令人大跌眼镜。原来,这要追溯到塞西莉亚的童年。那时,她的身边都是些想入非非的少年,打架斗殴、寻衅滋事更是常有之事。每天放学回家,当她把手放在门把手上的那一刻,恐惧便放射般地传至身体的每个部位,她开始变得紧张不已。因为她不知道大门敞开后,等待自己的将是什么。塞西莉亚的潜意识捕捉到门代表消极和危险这一信息,并将之保存下来。自此之后,门便意味着问题的导火索。时隔30年,仍然让她心有余悸,以至于每当靠近一扇门,其潜意识便会发出警告:当心"潜在的危险"。

得知"门"是问题之源后,塞西莉亚大吃一惊。但她之前应该对这方面有所意识了。毕竟,每每穿过大楼、宅邸的大门时,她都会抑制不住地心跳加速、神色慌张。

为了快点痊愈,塞西莉亚将某句话视为箴言,每当靠近一扇门时,她便会脱口而出:"我今天很安全,过了这扇门,好运滚滚来。"如今,再看到门时,塞西莉亚已经能够平心静气、泰然处之了。

想一想 哪些事情会触发你做出某种反应呢?知道触发因素后,你就可以好好扒一扒自己的童年时光了。不出意外,你会在那段经历中找到蛛丝马迹。

(2)创造积极的锚定思维

是时候"碾碎自动生成的消极思维"了。你要明白,消极思维定式不过是一种习惯。没有人一早醒来,大脑就会蹦出:"今天,

第三章 破解代码

我只考虑对自己不利的想法。"但当你任由思想漫无边际地飘荡，而不去收紧牵引它们的绳子时，消极思维便萌生了。一旦意识到消极思维的存在，就要赶紧叫停。如此一来，你的前额叶皮质便会得到激活，发挥其顶头上司的领导风范，打退这一习惯。其过程非常简单，只要跟你的想法说"够了"，然后用更具建设性的思维取而代之即可。走马上任后，这些建设性思维便发展成你的锚定思维，在你情绪低落或惴惴不安时，为你冲锋陷阵。每当检测到你的思维从旋转滑梯上急转直下，锚定思维就会抛出有力的锚爪，将其牢牢卡住。诚然，你不可能一直掌控全局，亦不能一直掌控自己的感受，但你完全有能力学会掌控你的想法。

- 锚定思维能让你收获快乐、平静、自信和力量。

- 锚定思维需要预先编程，如此方能在需要之时充当制胜法宝。提前创建一套适用于不同情况的锚定思维吧！毕竟，身处当下，时时保持斗志昂扬、锐意进取，绝非易事。

- 锚定思维应该贴近现实，便于接受。你很可能听说过正向肯定吧，如"我很高兴""我很知足""我成功了""我太棒了"，然而，研究表明，肯定并不能百试百灵，有时，它们甚或让你雪上加霜。为什么？因为人类的信仰体系戒心十足。如果某个论断符合我们的信仰体系，我们会欣然接受；一旦某个论断游离于我们的信仰体系之外，我们便会断然拒绝。如果你说"我很棒"，但信仰体系的编程与之相悖，它便会反唇相讥："一派胡言！鬼才信呢！"一切有违内嵌

所谓命运，其实就是潜意识：
99%的人不知道的母体思维

编程的论断皆会被排斥在外。当然，积极思维被拒之门外的原因不止于此。想想看，当你进行积极思考时，大脑中的哪一部分在发挥功用呢？没错！拥有意识的那部分。只可惜，它只掌控一天时间的5%。而潜意识的处理器每秒处理的信息量高达4000亿比特，且一天时间的95%皆归其掌管。如此一来，不难明白，显意识与潜意识进行抗衡，胜算并不大。然而，潜意识并非牢不可破，关于如何进入潜意识，我们将在第八章进一步探讨。话又说回来，有些肯定是奏效的，但这些肯定必须是你自创的、正面的、符合实际的。既然你能够选择自己的锚定思维，那就选择能让你"百尺竿头，更进一步"，让你感到"此心安处是吾乡"的那些吧！既然锚定思维能够创造一种特别的感受或体验，你也可以想想，自己最想哪一领域领略哪些别样的感受或体验所带来的神奇魔力。如果此时，你正在想象这种感受，又是得益于哪种锚定思维的馈赠呢？

既然锚定思维应该先入为主，你需要事先考虑一下，哪些能对你产生效果。请结合自身实际，列出你具有的闪光点，任何方面均可。比如，人际关系方面，我很忠诚，我很贴心，我很有爱，我很顾家；工作方面，我很负责，我一学就会，我享受在工作中成长，我是个注重解决问题的人；常规品质方面，我会寻找解决方案，我助人为乐，我善于倾听，我是个开明之人，我乐于尝试新事物……

最好的方法莫过于，将你认为自己具备的优良品质逐一写成一个小短句。因为写在纸上的积极信息更容易被大脑吸收。大脑会想：为什么这个品质很重要？为什么你如此看重该品质？为什么别人如此看重该品质？这一品质体现在何处？以后该怎么发扬这一品质？有了这一积极向上的锚定思维，你便会时时关注自身价值，并让你觉得自己很优秀，很能干，是个潜力股。

以下常规建议旨在将"消极思维"转化为"启迪思维"。当然，你也可以选取一个你在第二章中发现的某个消极信念，并用一个富有建设性的锚定思维取而代之。

消极思维	启迪思维
我百无一用、一无是处。	我具备……（你的某种品质。）
我不够聪明。	只要我肯学，就没有什么做不了的事。
我不够优秀。	尽我所能、勇于尝试，我是……（你的某种品质。）
要是我辜负了他们的期望呢？	我为自己而活。
我还年轻，经验不足。	我有大把的时间学习。
我年纪大了，学不了新东西了。	我有丰富的经验，且对一切仍抱有好奇之心。
我不行。	现在不行，不代表将来不行。毕竟，我一直在学习进步。
我害怕。我不敢。	我会一步一个脚印，慢慢地累积做事情的勇气。
没戏了。	我会找到解决问题的办法的。那些没用的办法丢掉算了。
我失败了。	我从中学到了什么？
我太笨了。	我已经想方设法地……（让你感到自豪的事情）。

记住，只使用符合实际的锚定思维。当然，最好是自创的思维。想想塞西莉亚，当她通过一扇又一扇的门时，她创造出了一个积极向上的锚定思维："我今天很安全，过了这扇门，好运滚滚来。"

打造锚定思维是一种提升语言的方式。当你创建出一个积极的标准设定时，一个积极的缓冲便应运而生。如此，你便能在应对情绪时更具韧性。所以，继续前进！将所有自动生成的消极思维碾成渣儿吧！

黑客信条 2

想象自己是海豹突击队员

我们的大脑有个"短板"，这正是其有趣之处，因为唯此，我们才有机会"化短为长"。该短板在于，它分不清现实与虚拟。也就是说，人脑分不清哪些是我们正在思考的事情，哪些是实际发生的事情。你可以试试看！首先，想一件让你感到害怕的事情。再想象一下，是什么因素导致你如此害怕。然后，将这个因素放大，直至你感同身受、身临其境。接着，焦虑和紧张就会开始在你的身体中蔓延。

大脑分不清现实和虚拟。这一事实在我们思考恐惧的事情时，表现得尤为明显。如果我们厌恶坐飞机，或者讨厌当众发言，大脑

第三章 破解代码

和身体的其他部位会在这些事情确定好的前几个月,便有所反应了。只要一想起将要面临的飞行或者演讲,我们就忧心忡忡,甚或胆战心惊。这种消极想法的积极之处在于,反向思维也有助于收获成功。

相反,想想那些你翘首以盼的喜事,或者回顾一下那些让你真正笑逐颜开、引以为傲的事情。没错,你会发觉自己正沉浸在幸福、快乐和自豪的感受中。

"可视化训练"便是一种卓有成效的方法,它能让人脑以更加积极、开放的态度迎接新的可能。我的一位客户9岁的儿子总担心自己无力完成体育课上的某些既定动作,为扭转消极的思维螺旋,客户教儿子进行了如下训练:想象自己有能力掌握哪些出色的技巧;如何从老师那儿获得援助;怎样才能让自己变强;妈妈每次来接自己时,让妈妈知道自己进步了多少。几周下来,男孩的焦虑一扫而光。不得不说,可视化训练功不可没。

如果能将思维可视化,意味着你已控制了自己的想法。如此,便可逐步将自动驾驶这一默认模式调至主动模式。当前,可视化训练的成效已获得多项研究肯定。

在一项研究中,实验人员将篮球运动员分成三组,测试其罚球时的投篮命中率。第一组每天进行20分钟的实操训练;第二组通过可视化训练,在大脑中勾画自己罚球投篮的动作,但不进行实操练习;第三组既不进行实操练习,也不进行可视化训练。有意思的是,进行可视化训练的那组与每天实操训练20分钟的那组相比,几乎难分伯仲。

所谓命运，其实就是潜意识：
99% 的人不知道的母体思维

人脑中有个过滤系统，专门负责收集信息，确认或证明我们已经相信的信息，然后将其他信息悉数拒之门外。这一过滤系统叫作"网状激活系统"，其主要职责就是游走于每天的信息之间，识别任何能印证我们信念的蛛丝马迹。所以，当我们心事重重地走来走去，笃信自己不够优秀、不招人喜欢时，这一过滤系统便会寻找证据，坐实我们不够优秀、不招人喜欢的想法。即，我们只不过向自己证实了，我们的想法是正确的。当然，过滤系统只允许届时与我们情况相关的信息通过滤网，而将其他信息阻挡在外。倘若没有这一屏障，任凭一切信息大摇大摆地闯入，大脑则很可能因此宕机。然而，可视化训练通过改变过滤系统，让我们有机会接触到一些过去难以企及的信息，我们也因此变得更加积极，能够以更具建设性的方式看待世界。例如，我们开始洞悉某个问题的解决要领，而这一问题，先前似乎无解，或者我们发现了某人的闪光点，而不像过去那样，仅仅盯着他/她那些让人生厌的缺点。

你可以在早上醒来后直接进行可视化训练，以此开启积极向上的一天。当然，你也可以在开会、工作或挑战之前进行。于我个人而言，我更喜欢借助强大的可视化训练开启我的一天，为这一天该如何发展，或者我希望自己拥有何种感觉定调。可视化训练简单易行，你只需要闭上双眼，保持30～60秒，将自己沉浸于体验之中。我称其为"爱的抱抱"，当然你也可以尽你所能，以更匠心独具、别出心裁的名字冠之。此外，为可视化训练添加一抹积极的情绪色彩显得尤为重要。比如，想象"我和客户的会面会很顺利""我的

第三章 破解代码

状态超级棒""我是个正人君子"。即便你如上所述,积极正面地看待问题,但仍感觉惴惴不安、垂头丧气的话,那些积极思维将无法到达脑干,更不会传递给身体,因为只有想法与身体的情感状态均在线时,可视化训练才能真正地发挥作用。可视化训练中的积极思维会对你的大脑回路进行编程,帮助其朝着有益于你的方式思考问题。如果此时你还能保持积极的心态,便能感觉前途一片光明,更有可能迫不及待地迈向未来。你的"内在状态"正是"思维"和"感受"的产物。

训练的诀窍在于,相信一切会朝着自己预期的方向发展。你要笃信梦想已然成真,而不仅仅是希望预期的结果将会降临。拿我来说,要训练自己常怀感恩之心,我会让自己感受由此带来的积极效果已经发生。以感恩之心迎接将来,身体便会信以为真,以为自己正在享受收获的喜悦,从而更有可能向前迈进一步。除了感恩,另一个重要的因素是,想象自己一步一步地走向目标这一过程,而非只盯着目标的终点线。

当然,你也可以添加一个触发因子。例如,当淋浴的暖流抚摸你的身体时,你大可以天马行空,想象自己拥有了完美身材,然后见证自己如何通过身体力行,让这一美妙感受得以实现。下列这些与可视化训练相关的主题示例,可供你选用:

- 你的一天将会如何展开?
- 你实现了哪个具体目标?

所谓命运，其实就是潜意识：
99% 的人不知道的母体思维

- 为实现目标，你采取了哪些步骤？
- 你生活中一切积极的方面都有些什么？
- 一年后，你想成为什么样的人？
- 为了健康，你每天都在做什么？
- 你与伴侣的关系是如何渐入佳境的？
- 你是如何积极向上、只争朝夕的？
- 你是如何破解难题、乘风破浪的？

你可以在任何地方进行可视化训练，重要的是，周围没人能打扰你。你大可以别出心裁，让你的可视化训练大放异彩！海豹突击队是世界上最牢不可破的精英部队之一。对海豹突击队而言，不可能完成的艰巨任务是家常便饭。可即便如此，他们也学会了运用可视化训练，设想自己将如何披荆斩棘、大获全胜。

黑客信条 3

（1）赢在清晨

无论你做什么，清晨睡醒后最初那几分钟内做的事情，将决定一天的基调。一日之计在于晨，一天的开端不但影响情绪、工作效率、劲头，还影响着我们对自身和生活的看法。全球领先的幸福研

第三章 破解代码

究专家之一肖恩·埃科尔指出，如果早上花3分钟浏览负面新闻、棘手邮件或短信，到头来你会发现，这一天变糟糕的风险会增加50%。一旦大脑在清晨接收到负面信息，它会将寻找负面信息的行为进行一整天。相反，如果没有在清晨醒来后的第一个小时内检查邮件，白天的工作效率则会提升约30%。大多数成功人士的晨间例事都能让他们在一天剩下的时间内神采奕奕，保持最佳状态。你刚刚获知的"可视化训练"便是一个行之有效的晨间例事。

（2）进入卧室，放下手机

你的早晨从前一天晚上便开始了。上床睡觉时，将手机带进卧室可不是个明智之选。精神病学主任医师安德斯·汉森认为，手机放在床边就足以对我们的心智造成干扰了。卧室是用来睡觉和享受惬意时光的，所以不要让手机破坏这一切！如果你要睡觉，请将手机放进另一个房间，并保持充电状态，然后调大音量，如此一来，清晨的闹钟便可以将你从睡梦中叫醒。或者，你也可以在卧室里摆一个普通的闹钟。许多人都有手机瘾，网上冲浪到三更半夜更是常有之事，而且手机也成了我们清晨抓在手里的第一件物品。如果大脑每天接触的第一件物品是手机，我们极大可能会困在纷至沓来的消息中，不得脱身，最后不得已仓促开启新的一天。如果你无法掌控你的清晨，也就无法掌控你的心态，更谈不上掌控你的一天，甚或是你的人生。

（3）禁止贪睡

闹钟一响，马上起床。贪睡非但对大脑不利，还会破坏我们的睡眠周期。一个睡眠周期是90～110分钟，几轮睡眠周期过后，我们便会醒来，准备迎接新的一天。如果你赖床贪睡的话，就会进入一个新的睡眠周期。10分钟后，闹铃再次响起，这回你不得不起床了，但大脑并未从当前的睡眠周期中走出来。此时，若想甩掉睡眠惯性，可能得花费4个小时的时间。处于这种昏昏欲睡的迷雾中，你的大脑不可能正常运行，认知功能也会下降，让你无法做出最佳之选。

那么，当手机不再困扰你，你也已起身下床了，接下来，你该做些什么呢？

（4）晨间例事

不要让任何事情夺走清晨最宝贵的几分钟。做好自我准备，这样你便更有可能进入到执行模式中，意识清醒地进行思考、行动。将注意力集中在对你至关重要，且能产生积极影响的事情上，用自身"力量"给自己加油鼓劲。这便是晨间例事。你可以借此机会，在这一段时间内优先考虑一下自己。这一点很重要，因为当你打开电脑、拿起手机，或者与人照面时，你便融入了大千世界，身不由己地让各种各样的事情牵着鼻子走。

接下来你将学习的晨间例事，不仅有利于你更好地成长，还能帮助你达成目标，保持专注，提升效率，找到平衡，释放创造力，保持头脑清醒、思维清晰。那么，请做好准备，激活你的执行模式吧。

你的晨间例事可能包括：

- 可视化训练
- 冥想
- "沙里淘金"（搜寻积极信息）
- 撰写日志（反躬自省、设定目标、应对挑战）
- 为新的一天做规划（将重要事项按照优先事项排序）
- 运动或散步
- 阅读或收听有助于自我提升的内容
- 参加能让人怡情悦性、高歌猛进的活动

不积跬步无以至千里。我们可以从"小"做起，从最容易或最有趣的事情做起，不要顾虑能否达成目标。例如，你若决定将冥想当作晨间例事，那就把至少需要20分钟才能获得最佳效果的建议置之度外吧。与其追求目标，不如随心而动，量力而行。不妨从保持1分钟或者5分钟的冥想开始。不要急于求成，乘兴而为、量力而行、不断尝试，敞开心扉，拥抱丰富多彩的生活吧！

（5）你需要多少时间

通常而言，10~30分钟便足矣，你也可根据自身情况自行决定。毕竟，务实才是重中之重。如果你拖家带口，每天早上在自己身上投入大量时间可能也不现实。拿我来说，完成我所有的晨间例事需要耗费1个小时，但我有时间，或者更确切地说，我愿意花这个时间。诚然，将我的晨间例事安排妥当的确耗费一定时间，而且有时我还需要根据生活情况进行必要的调整。譬如旅行时，即便只能完成平时的一半，我也很高兴了。就算隔三岔五中断几次也无大碍，大不了重新把这些良好习惯捡起呗。

根据每天早上能够抽出多少时间，你可灵活采用下表三种模式中的任何一种。先试试看！当然，你可以根据需求，自由切换表格中的不同部分。毕竟，创造出一个让自己一天都元气满满的晨间例事才是最重要的。

三个"5分钟"	三个"10分钟"	三个"20分钟"
反躬自省5分钟	反躬自省10分钟	反躬自省20分钟
运动5分钟	运动10分钟	运动20分钟
学习5分钟	学习10分钟	学习20分钟
总计15分钟	总计30分钟	总计60分钟

（6）反躬自省

请从以下各项中选择一项：冥想、撰写日志、"沙里淘金"、练习感恩、可视化训练，或者做每日规划。冥想能让人更加专注、冷静，看待问题更加透彻，做起事来斗志昂扬；通过可视化训练，你能驾驭自己的想法，让自己积极乐观，朝着目标进发；"沙里淘金"会让你享受一场多巴胺之浴，增加生活的乐趣；撰写日志有助于厘清思路和感受，洞见自己的发展轨迹。

于我而言，我最喜欢利用自省时间对当天的事情进行规划。花5分钟决定一天要做的事吧，并由此推动你在发展之路上前进一步，让你距离目标更进一步。看看哪些事情对你更重要，然后计划好一天的优先事项。如果你觉得某件事在当天的其他时间执行起来有困难，不如就趁早上时间将其完成。因为早上，我们的心理关注度、能量水平和意志力均处于峰值。毕竟，谁也不想将一天最好的时间花在无关痛痒的事情上。

（7）运动

运动能让身体大汗淋漓、畅快呼吸。清晨睡醒后，赶紧动起来！这不仅有助于清除人脑中的皮质醇，为大脑提供养料的"脑源性神经营养因子"还会得以释放，从而提升我们的专注度，助力我们的学习和成长。运动释放的血清素，还具有加速新陈代谢的功效，让你如沐多巴胺之浴。每天只需进行5分钟的瑜伽、快走，或者短跑，便能收获成效。

（8）学习

每天早上学点东西吧！文章、书籍和电影都是不错的选择。因为知识能赋予你洞见，让你更好地成长，让你把握发展机遇，提升灵感和创造力。同样，你也可以把自己积累的知识传授他人，帮助他人发展、成长。

（9）创造能量

一觉醒来，如果你发觉自己心情不佳或有气无力，建议先做一些能助你提振精神、心情愉悦的事情。无论是舒缓心情的轻松运动，还是大汗淋漓的燃脂运动，都可以，只要能提振精神，又能让你活力满满即可。

我最喜欢通过5分钟的"冷热交替淋浴"开启自身能量流动的开关。具体来说，就是20秒的冷水淋浴后，切换成10秒的热水淋浴，持续10个回合。如此一番下来，整个人都会变得耳聪目明，而且能真切地感到能量通贯全身的那种畅快淋漓。冷热交替淋浴还有诸多别的优点，比如增强免疫力，减少体内炎症，提高抗压能力，降低血糖，燃烧脂肪，调节肾上腺和甲状腺功能，改善睡眠质量。

（10）做出决定

如果你在清晨听见自己说"我全身乏力""什么也不想做""我没空"，这就说明，你的晨间例事耗时太长，或者过于复杂烦琐了。

那就把它们分解一下吧，确保自己能做得了。如果总想等待时机成熟、水到渠成时再采取行动，你就必输无疑。你不见得每天早上总能一跃而起、急不可待地离开温暖的被窝吧？只有达到一定的次数，才会产生做某件事的动机。因为历经无数次尝试后，你会看到努力结出的累累硕果，受此驱动，内心自然而然会萌生出做这件事的需求的。制定好晨间例事吧，你的生活将由此焕然一新。

黑客信条 4

（1）提升意志力

　　人的意志力不是恒定的，在一天当中的不同时间段并不相同。你每做一个决定，执行一项任务，意志力会不同程度地被削弱一点。你知道吗？截至晚上睡觉时，你已经做出了35000个决定，这还只是按照人类每天做出决定的均值得出的数字。这便是为什么人们在夜晚通常无法抗拒酒或零食的诱惑，甚至会不知不觉地吃下一大块巧克力。这也就解释了，为什么人们在下班后不愿换上运动鞋去慢跑一会儿——因为那时，人脑已无法做出正确决定了。

　　决策疲劳的概念由社会心理学家罗伊·F. 鲍迈斯特提出。他认为，分析瘫痪影响人脑运作。随着一天的时间渐渐缩短，意志力和自制力会变得越来越弱。这就恰如锻炼时间过长会引发肌肉疲劳一

所谓命运，其实就是潜意识：
99% 的人不知道的母体思维

样，经过一整天的思考，大脑也会变累。大脑感觉疲倦时，就会开启节能模式。此时，要么做出的决定冲动冒进，要么就任凭自己躺平摆烂。说到这儿，你一定知道，当伴侣问及晚饭想吃什么时，我们为什么时常回复："都行，随便。"

由此可见，意志力和自制力的降低与决策疲劳脱不了干系。因为置身决策疲劳之中，面对冲动，我们往往无力招架。一旦自制力处于下风，冲动便可肆意妄为，于是也便有了阴晴不定的情绪、差强人意的表现、坚持不住的耐力，甚至手头正在执行的任务都可能会"半路歇菜"。

尤其在信息泛滥的数字时代，大脑必须无时无刻不保持待机状态。信息源源不断涌来，我们是该予以关注，还是视而不见呢？但问题是，即使我们视而不见，大脑也会做出决断。随着一天徐徐展开，做出的决策越来越多，为保存体力，大脑开始偷懒走捷径。鲁莽决策便是大脑常走的捷径之一。当然，此时的决定不一定是错的，但大脑此时最看重的是安全和便利。所以……我决定待在沙发上，把跑步留给明天。要知道，大脑偏爱短期利益，临时选择的替代方案往往倾向于速战速决。可见，当意志力难以达到高瞻远瞩的状态时，人们很难做出对自己有利的长远打算。

诚然，有些方法也可应对大脑疲劳。比如，简单易行的日常活动，或者工作间隙小憩一下，对于增强意志力、提升工作干劲具有一定作用。

（2）远离喧嚣，休息一下

为什么冲澡或散步时，一些奇思妙想和明智决定便突然冒出来了呢？这背后是有原因的。当你暂时远离一天的喧嚣，人脑中负责思考的部分——前额叶皮质（你的首席执行官）便舒展筋骨，恢复了自由。前额叶皮质除了负责产生逻辑思维外，还能调用意志力来克服冲动，这在决策疲劳发生期间发挥着举足轻重的作用。让大脑休息一下吧！如此，神经连接将得以改善，你也会做出最佳选择。

（3）巧用程序，减少决策

尽量减少每天的决策数量便能避免陷入决策疲劳。美国前总统巴拉克·奥巴马深谙此道，他曾说：

> "我西装的颜色不是灰色，就是蓝色。我尽量少做选择。我也不想在吃穿用度上做选择，因为我要做的决定太多了。在做决策时，最好规划好日常事务，让自己聚精会神，可不能因为琐事烦扰，一整天都心不在焉。"

不妨按照奥巴马的思路，打造你自己行之有效的习惯和套路！这样，你将为大脑节省不少能量。可能的话，尽量在前一天的晚上做决策，省得第二天事事操心。比如，你可以准备好明天穿的衣服，也可以未雨绸缪，在健身包里装一些健康的零食，或者像你在本章学到的那样，提前制订出"赢在清晨"的计划。通常而言，清晨是意志力和自制力的峰值，因为这时决策疲劳还未出现，所以，最重要的事情最好先在早晨搞定。如果前一天晚上便制定好了今天的计划，那你将所向披靡！

（4）合理规划日常任务

与其一天纠结好几次要做什么、什么时间做，先做什么、后做什么，不如将要做的任务提前规划好，如此，每天在什么时间该做什么都能做到心中有数。例如，上午10点检查邮件；下午1点散步；睡前，准备好次日早晨要喝的奶昔……如此，次日早晨，你便能健康轻松地开启美好的一天！

黑客信条 5

（1）"沙里淘金"

心理学家索尼娅·柳博米尔斯基和她的同事总结道：人们可以将40%的幸福攥在手中。也就是说，基因和环境只是发挥部分作用，你还可以借助其他因素改写命运。"沙里淘金"，作为一种行之有效的方式，可以将你的大脑从自动驾驶模式切换成直连模式，即执行模式，引导你更加正面地看待生活。

所谓"沙里淘金"，其实就是通过让神经元（脑细胞）更长久、亲密地与积极经历相处，以使该经历成功进入长时记忆中，并得以

第三章　破解代码

保存。善用"沙里淘金"的人往往更加乐观，因为多巴胺和血清素水平的提升，有助于人们以更加积极的态度对待生活，也更容易对生活产生满足感。"沙里淘金"其实是引导大脑用全新视角看待大千世界，从而积极地追寻积极与美好，规避消极与危险。通过有效利用该策略，我们可以帮助大脑摆脱消极思维，聚焦积极向上的事情。研究表明，仅仅经过3周的训练，期待的效果便会出现。

积极经历转化为持久性的神经结构绝非易事，要想让大脑顺利地拥积极经历入怀，我们还需施以外力，将之向前推一小把。大脑中的"常规记忆系统"可以为积极经历所用，助其从"短时记忆"转为长时记忆。然而，要实现该转换，积极经历还需在短时记忆的缓冲系统做较长时间的停留。问题便就此出现了：积极经历往往在脑海中一闪而过，不具备存入长时记忆进而被编码为神经结构的条件。因为只有在短时记忆的缓冲系统中维持20～30秒，积极经历才能发展为长时记忆。满足该条件其实并不难，我们只需要在积极经历中沉浸得再久一些即可。因为，当我们长期处于积极状态时，大脑中的"纹状体"便会受到刺激，直接参与保持积极的心态。而一旦我们沉浸于积极心态之中，大脑的能力便会得以强化，延长积极情绪的逗留时间。

想想看，你多久会享受一次收获赞美的美妙感受，并在其中停留20～30秒呢？多久你会允许自己沉浸于取得的成就并享受一番呢？或者，你只是轻描淡写地说一句"嗯……不错"，然后继续前行呢？你更关注自己的努力，还是自己的无力？经过一天的忙碌

所谓命运，其实就是潜意识：
99%的人不知道的母体思维

后，你通常会在睡前想些什么呢，是进展顺利的那20件事，还是功败垂成的那1件事？是白天完成的那些事，还是尚未完成的事？是感恩自己所拥有的，还是为自己的缺憾唏嘘不已？想必你和大多数人一样，也属于后者。要知道，为了创造一个安全的环境，我们的大脑会程序性地扫描旧习惯中潜在的威胁或负面因素，一旦发现危险，便会着手解决，反而对大局不管不顾了。然而，来自加州大学洛杉矶分校正念觉察研究中心的研究表明，如果我们善于收集积极经历，并为之心怀感恩的话，大脑的分子结构会因此发生变化，大脑灰质也能更好地执行工作，我们也将变得更健康、更快乐。

神经心理学家里克·汉森介绍了"沙里淘金"的三个简单步骤：

• 搜寻美妙的事实。美妙的事实可以是，一天当中积极的事情（内心的积极变化也算），让你心怀感激的事情，或者对自己所做之事引以为傲。也可以是一些平时认为不起眼的小事，比如，一杯香醇的咖啡，一句赞美，来自孩子的一个拥抱，美好的天气，给朋友一个及时的问候电话，甚至是一个由消极转为积极的想法。感恩那些人们认为的常规之事，如感恩家庭、感恩工作，或感恩身体健康，反而收效甚微。大脑念念不忘的莫过于细节。"女儿拥抱了我，我很感动，我感受到了爱。""老板今天夸我了，我很骄傲，说明老板是看重我的。""今天阳光明媚，我感到元气满满。"当你经历美好时，别忘了让自己也感受美好哟！如果你忘记了享受当下的美好，可以在稍后有空时加以回味，如沉思之时。我会在睡前"淘金"，因为那时的大脑特别易于对新鲜事物敞开怀抱。这种方式还给我带来一个附带的好处——美美地睡上一觉！我最喜欢的便是感恩生命中拥有的一切。

· 心无旁骛地享受20~30秒的美妙时刻。当体验美好经历时，你可以调动情绪一起参与，让视觉、听觉和感觉参与其中。拥抱美好的经历，且让情绪热烈地参与其中，这种时刻持续越长，就越能调动更多神经元加入进来，记忆的轨迹也因此得以强化。这就如同你往银行账户里存钱一样。存款越多，你越快乐。

· 汲取积极经历，让它流入心田。我个人喜欢将这种方式称为"泡泡浴"或者"爱的抱抱"。由此产生的感受因人而异。有人感觉一股暖流从心间荡漾开来；有人会看到一束光，自上而下照亮自己身体的每个角落，抚平所有的沟沟壑壑；有人脑海中会出现一个藏宝箱，里面一颗钻石正熠熠发光；有人则想象自己裹在温暖的毛毯中，而积极、乐观和自信扑面而来。

下面是关于"沙里淘金"的一些补充。

· 应该何时"淘金"呢？你可以日日"淘金"——早上，以积极的心态开启一天；趁着好事情降临之时。或者，你也可以像我一样，在晚上睡觉时，挑几件白天发生的快乐经历回味一番。

· 可以和他人一起进行吗？欢迎邀请伴侣、家人一起参与！你们或许可以围在餐桌前交流各自的成功和快乐，也可以在睡前进行。交流过程中，还可以看看当天有没有什么不同寻常的好事情发生。不妨

所谓命运，其实就是潜意识：
99% 的人不知道的母体思维

将它作为一个每天都能召唤新事物的游戏，为淘金增添一丝新奇的趣味吧。我有一个客户就喜欢将淘到的上好"金块"存储到一个罐子里。每当遇见不同寻常、不想忘却的经历，她便会写在一张纸上，然后把它放进罐子里。除夕夜那天，她会将罐中笔记悉数取出，然后阅读自己曾写下的一切。这真是个宣告一年结束的妙计啊！

• 如果我淘不到金怎么办？如果你不能淘到很多金块，也没关系，要知道，淘金的过程才是最为重要的。当你扫描积极经历时，大脑中的神经元会在时间的历练中变得越发聪明，轻轻松松地就能寻觅到积极经历的踪迹。毕竟，生活永远都不缺宝藏，但需要发现的眼睛！

• 如果有阻力掣肘淘金，怎么办？想一想，到底是什么让你感到受阻呢？是否存在潜在的堵塞物？那它又是从何而来？你会将"我觉得没什么不同"当作自己放弃的借口吗？或许，你脑中有一个信念，让你觉得自己不配拥有幸福和快乐；或许，你害怕做得再好，也可能有朝一日失去一切。哪怕有阻力掣肘，也请继续淘下去吧！假以时日，你会发现你的生活一片金光灿灿！

（2）感恩改变大脑

于我而言，"感恩"绝对可以称得上是淘金的最佳方式。感恩含有抵御抑郁的绝妙抗体。当人心怀感恩时，人脑便会释放多巴胺和血清素，这两种重要的物质能够传递信息，在控制情绪的同时，赋予我们舒适之感。加州大学洛杉矶分校正念觉察研究中心表示，定期进行感恩训练的人，其大脑的神经结构会发生改变，人也变得

第三章 破解代码

更加快乐、满足。此时，察觉到美好降临的荷尔蒙便闻风而动，为身体绝大部分器官输送给养。人脑中负责掌管情绪的"边缘系统"也变得淡定从容，下丘脑更是干劲十足，在调节睡眠方面积极地献计献策。感恩不但可以减少体内"压力荷尔蒙"的含量，还能调节"自主神经系统"，将我们的压力、焦虑和抑郁一扫而光。感恩能够增强我们应对棘手问题的能力，为精神和情绪注入力量。感恩的好处多如繁星，限于篇幅，我就先列举这些吧。

60 秒速览

消极思维会先发制人，因为预见危险是确保我们得以存活的一项能力。

一切不幸、消极、担忧的思维只不过是习惯而已，都是可以纠正的。

你说什么，大脑便相信什么。说什么、想什么，可要慎之又慎。

碾碎自动生成的消极思维。发觉消极思维大行其道，赶紧叫停，然后用积极、具有建设性、贴近现实的锚定思维取而代之。不过，机遇青睐有准备的大脑，锚定思维需要你提前准备哦。

想象自己是海豹突击队员。每天早上进行30~60秒的可视化训练，将你的想法和感受引入积极活跃状态。

赢在清晨。创建出有助于你开启成功一天的晨间例事。不要将手机带进卧室，清晨醒来后就不要再贪睡。

提升意志力。白天时，按计划开展日常活动，累了就休息一会儿，如此便能避免决策疲劳，冲动行事。

"沙里淘金"。将白天的美好经历收于心间，然后闭上双眼，让经历在脑海中生动浮现，让"爱的抱抱"持续20~30秒。

第四章

松开刹车

良好的自尊与自信,不是飘忽不定的存在。
它们就像是体能训练,需要你步步为营,持之以恒。

婴儿时期，我们时常感觉自己万众瞩目。我们微微展露笑颜，大人们便会乐不可支，继而回我们以微笑。大人们向我们微笑是因为我们的存在给他们带来了喜悦和奇迹。即使我们将便便拉在尿不湿里，头发上沾了麦片，什么家务都做不了，我们也是他们眼中的完美小孩。

我们喜欢得到关注——时常要求大人关注我们——因为我们相信，我们值得大人这么做。我的干女儿阿莱塔5岁时便知道关注的力量。一旦发现我听她讲话时心不在焉，她就会用小手捧起我的脸颊，让我面向她，然后直勾勾地注视着我的双眼，直至感觉自己获得了全部的关注，才会继续开讲。

儿时，一旦我们掌握新本领，表扬便纷至沓来。譬如说，牙牙学语时，不管我们说的话多么磕磕巴巴，也会获得赞许和表扬；蹒跚学步时，我们迈出的每一步，都能赢得鼓励与微笑；学着吃饭时，只要能够把饭送到口中，就会换来一片掌声。在父母眼中，我们是如此讨人喜欢。那时，失败了不要紧，没有人会责备我们；说错话不要紧，没有人会指责我们；站不稳摔倒了不要紧，没有人会嘲笑我们；足足有一半的时间，我们都没能把食物送进嘴里，也不要紧，没有人会批评我们。那时的我们自信心爆棚。但是后来，某一天，我们发现父母表扬的次数开始变少，规矩和要求却越来越多。大人们开始说不，一旦我们有违父母的意愿，便会遭到痛斥。到了上学阶段，要求与日俱增，到处都有人告诉我们做这做那。而我们，可能这时也开始对自己寄予更高的期望了。

第四章 松开刹车

"自尊"和"自信"会因时而变，它们既可以坚如磐石，亦会分崩瓦解，本章的重点便基于此。在第三章中，你学习了如何使用"锚定思维""可视化训练""赢在清晨的晨间例事""沙里淘金"等来转变自身的想法和标准模式。本章将指导你如何通过坚定不移的行动建立自身的自尊与自信。诚然，掌控自身想法，给自己点赞固然重要，但做有益于身心健康、遵循"荣誉准则"的事情也同等重要。准备好松开刹车，快速前进吧！

自尊和自信

自尊就是你的自我意象，即自我欣赏、自我喜欢的程度。自尊是一种镌刻至深的信念，让你觉得自己大有可为。自信则是一种感受。如果你觉得自己天赋异禀、才能出众，在挑战面前运筹帷幄、游刃有余，就是自信的表现。所谓自信，不仅包括你处理问题、解决问题的能力，能够应对不确定因素，在前途未卜的情况下依然勇往直前也是自信的关键表现。即使你会茫然失措，也不要对自己丧失信心！

我刚入行时，自尊在我眼中就是一个说不清道不明的模糊概念。即便我告诉自己，我才华横溢、人品绝佳，我也不觉得自己拥有完全意义上的自尊，因为我仍然会对自身价值产生怀疑。我当时并未意识到，行动的地位不亚于我自身的心理暗示。当然，我那时亦不理解人们为什么会将自尊和自信视为手足，认为它们是"你中有我、我中有你"的关系，而且只有协同二者之合力，才能发挥其无穷威力。其实，如果你在自尊上下功夫，自信也会因此受到影响，反之亦然。我担任心理导师的过程中，注意到客户们经常不知道该如何增强自尊或自信，他们常说："哪怕我告诉自己'已经够优秀了'，我也依然对自尊和自信无感。我也不相信自尊和自信有什么作用。"要想让诸如"我已经够优秀了"这些话发挥实际效用，你还需要在实践中加以体验。当然，说到自尊和自信，以下几点也值得你了解一二：

- 自尊和自信并非一成不变。自尊没有强弱之分，自信也没有好坏之分。相反，二者无时无刻不在波动。但你也不是束手无策，你可以为你强大的自尊与自信搭建出一个牢不可破的栖身之所。

- 自尊也好，自信也罢，二者不是飘忽不定的存在。它们就像是体能训练，需要你步步为营，持之以恒。你不能指望一年跑一次来保持魔鬼身材。同样，零零碎碎的尝试也不能增强自尊或自信。只有持之以恒，方能见效。无论起点如何，你大可以像锻炼肌肉一样，锻炼你的自尊和自信。

- 自信是有缺口的。在某些特殊领域或情况下，你相信自己完全有能力应对，但在其他领域或情况下，可就未必如此自信满满了。你不可能在所有领域都保持一模一样的信心。在你身经百战或者富有胜算的领域，你会自然而然变得自信满满。

第四章 松开刹车

· 童年时期，我们的自我怀疑、自我否定会幻化成自卑与自贱的种子。如果不对它们勤加呵护，自尊和自信往往会随着时间的推移而干枯衰败。

现在不行

马茨想让我帮他改改自卑的毛病。因为每每别人提出什么请求，马茨都不知道该如何回绝；将自己与他人比较一番，又觉得事事不如人。所以马茨时常觉得自己是个"失败者"。身处忧郁的乌云之下，马茨觉得生活索然无味。马茨的自卑源于他的童年经历。小时候，马茨对爸爸满是爱戴与钦佩。每天，爸爸一到家，马茨便兴冲冲地冲进走廊，渴望和爸爸分享自己白天的"宏伟巨制"。然而，通常情况下，回到家的爸爸已经疲惫不堪，对于小马茨的请求，常以"现在不行"加以敷衍。随后，爸爸便会沉浸于自己喜欢的电视节目中，将现实世界抛诸脑后。小马茨经常坐等"良机"，但"良机"通常不会降临。久而久之，他就不再跑去走廊迎接爸爸了。当我问及马茨，自己当时有何感受时，马茨告诉我，他很难过，并承认道："我觉得自己无足轻重。"于是，这种解读便成了马茨的默认模式，哪怕已经成年，马茨也做此感想——自己无足轻重。解读会发展成信念，一旦信念大行其道，除非我们重新编程，否则它将一直存在。

在马茨的例子中，我们可以看到，个人解读是如何引发问题的。爸爸每天为一家老小的吃穿用度忙碌。作为成年人，我们可以理解爸爸：由于承担着养家糊口的重担，工作一天之后，定会非常疲惫。然而，小孩子意识不到这一点，在他们的世界里，只有自己的需求获得重视，方能彰显自身价值，自尊心才会得以发展。所以，为人父母，别忘了多给孩子以爱、鼓励和关注！

一切皆有可能

孩提时，我们相信一切皆有可能。那时，我们好奇心满满、天不怕地不怕，对于一切未知领域，都渴望一探究竟。那么问题来了，这种"一切皆有可能"的态度是何时消失的？

一个人17岁时，大约已听过15万次"不行"，而听到"行"的次数不过5000次。当有人告诉你"行或者不行""可以或不可以""能成或不能成"时，你大脑的神经高速公路便会据此搭建，一旦竣工，就再难做出改变。如果有人总是喋喋不休地挑你刺儿，你就会对自己的能力产生怀疑；自身办事不力或理解有误时，你会怀疑自己的能力；无力调解父母之间的矛盾或无法讨得妈妈欢心时，你会怀疑自己的能力；本该入睡时无法入睡或感觉永远没有可能超越哥哥、姐姐时，你会怀疑自己的能力。摆在你眼前的是一个确凿的证据：我不行！于是，绝望和无助便占据了你的身体，侵蚀了你的"力量"。

第四章　松开刹车

世上总有些事情会让人感到心有余而力不足，但孩子时候的我们并不懂这一点；相反，我们或将之归咎于自身，认为自己不够优秀、没有能力，或归咎于问题本身，认为问题"不可能"得到解决。于是，我们便一举摘金，成了"放弃冠军"。通常，我们甚至连试都没试，就宣告放弃了。哪怕成年后，也概莫能外。

有些人由于情场失意、职场失利、挑战失手、应聘失败，就变得自信全无，或认为自己就如别人口中提及的那样——某种程度上存在缺陷。有了这些情况的加持，人们往往会对自己形成一个整体认识——缺乏自信。但情况并非如此！没有人一无是处。如果你一点儿自信也没有，那清晨睡醒后，你连床都下不来。你只不过是在某些领域缺乏自信罢了。但一而再，再而三地告诉自己"我缺乏自信"，这会产生一种身份认同，受此影响，我们便笃信"我就是这样，天生就不自信"。最终，不自信的阴霾将笼罩生活的方方面面，我们也会变成自己"心心念念"的样子。

孩子需要依靠父母才能存活。小时候，我们事事都离不开父母的帮助。有时，这种信念会跟随我们步入成年。他人——老板、孩子、朋友、伴侣——就是得满足我们，让我们幸福，而且不离不弃、照顾左右。然而，我们不能总是延续小时候的那套编程，而完全忘记自己已然成年，应该自食其力、自力更生了。可是，在迈出第一步之前，一切似乎遥不可及。想一想，当你还是个孩子的时候，何时走路是不是由你说了算？学走路时，你爬起来，摔倒，再爬起来，再次摔倒，再爬，走了几步，又摔了。但你一直努力尝试，直到走得稳稳当当。那时，你的内心一定没有一个声音在嘀咕你："别做无用功啦！你不行！根本不可能！"倘若真有这个声音的话，恐怕这会儿很多人还在地上爬呢！由此可见，只要你下定决心，事成的概率便十有八九。

诚然，我们有时不免对新事物的学习感到力不从心，感觉失败近在咫尺。这种感觉在我创作本书的过程中也出现过。当时，我怀疑过自己是否有能力完成；真正写出来后，又担心有没有人对此感兴趣。因为我总感觉我说的一些话已经有人说过了；而且，一些新观点的形成无疑又增添了创作难度。然而我想强调，这种起初的不安全感是构成全过程的一环。我们之所以感觉有些事情做起来简单，是因为以前做过，有丰富的经验。感到紧张、力不从心、没有安全感，并不代表我们做得不对，这只是表明我们正涉足一个新的领域。而对于这一领域，我们的经验还不够丰富，或者我们的试错次数还不足以走向成功。一旦树立起信心，我们就会前进，跌倒，爬起来，继续前进，就跟我们学走路时的情形一样。

先人一步的自我怀疑

胎儿时期，我们会根据妈妈的境况做出反应。我们虽然无法直接接触妈妈所处的外部环境，却可以感知妈妈的情绪。你知道吗？胎儿可以通过调整自己的生物特性和行为来适应妈妈的环境体

第四章 松开刹车

验。原因在于，宝宝出生后，他们也要与妈妈一样，在同样环境下生活。胎盘便是胎儿获取外界环境信息的媒介。以前人们认为，胎盘只能给胎儿的生长发育提供养分，但其实胎盘也能给胎儿提供信息。研究发现，母体血液中的分子和激素具有携带信息的功能，通过血液循环，可以将信息传递给胎儿。所以，妈妈的情绪波动也影响着腹中胎儿。譬如说，妈妈一旦处于恐惧之中，相应激素便会经血液传递给胎儿，于是胎儿便能感知：外面的世界不安全。显而易见的是，胎儿不会用语言描述自己的感受，但相关信息日积月累会形成一种信念，该信念是胎儿心智发育过程中的一个构成要素。人们常说人在出生时是白板一块，其实并不准确，我们是携带编程信息来到这个世界的！研究人员将其称为"语言能力获得前的记忆"。接下来要讲的有关大卫的有趣案例说明，早在妈妈肚子里时，信念的种子就已埋下了。

出口何处寻

大卫一生都对电影情有独钟。参与了几部小成本电影后，大卫迎来了有生以来的一次良机——赴美深造。然而，他变得优柔寡断起来。他害怕此去非但学无所成，还有可能耽误自身发展，导致最后不得不夹着尾巴离开电影业。他既不想错失良机，又对赴美之后的发展前景担忧不已，始终无法从正面看待问题。一番问询过后，我们发现，大卫每次遇到新挑战，都会像这次一样打退堂鼓。他循规蹈矩，

所谓命运，其实就是潜意识：
99% 的人不知道的母体思维

喜欢安安稳稳的生活；做事唯唯诺诺，缺乏主心骨；遇事宁愿唯他人马首是瞻，也不愿倾听内心的声音。但这次，他表示渴望接受进军好莱坞的挑战。对此，他这样解释："毕竟，这样的机会，一辈子只有一次。"

在这次问诊过程中，我们感觉大卫就像被人下了药一样迷迷糊糊，前怕狼后怕虎，畏首畏尾，六神无主。对大卫的这种情绪推本溯源，我们才发现这种埋藏至深的"瞬时感觉"竟然源于大卫还在妈妈子宫的那段经历。大卫深知，他出生时，母亲疼得死去活来，接受硬膜外麻醉[1]时又被注射了错误的剂量（大剂量麻醉药）。大卫说他当时毫无知觉，不知道自己是如何从子宫出去的。

不只大卫，我们人人都有"获得语言能力前的记忆"。这些记忆既不能用语言来描述，也不能用图像呈现。于是，它们被保存为"内隐记忆"，即所谓的"身体记忆"。心理学家亚瑟·亚诺夫认为，创伤性分娩会作为印记，镌刻于人类的神经系统，哪怕步入成年，这条印记也不会抹去。一旦恐惧或压力来袭，无论年龄大小，这些印记都会被触发，卷土重来。

正常情况下，胎儿天生就知道如何经由产道娩出。大多数时候，胎儿会四处移动，寻找最佳方式将自己挤出来。这是胎儿们面临的首要挑战。当医生帮助麻木的大卫出离产道时，自我怀疑的第一颗种子

1　硬膜外麻醉，一种可用于剖腹生产的麻醉方法。——译者注

第四章 松开刹车

便由此种下。从那时起,大卫便觉得自己无法应对挑战。这种无法依靠自身能力的感受会伴随年龄的增长变得越来越强。

半年后,我收到了一封让我心生欢喜的邮件,信上说:"我不再害怕接受挑战了,我觉得我可以相信自己——相信自己的能力,相信自己无所不能。我能把一切搞定——这种感受简直棒极了。"大卫的案例明确揭示了撕掉限制自身的标签将带来何种蜕变。

许多研究人员认为,鉴于人类记忆系统具有可塑性,早期记忆并不靠谱,因其再现原始事件时不够准确。我们的记忆可能支离破碎、杂乱无章,而最早的记忆往往只是对原始经历的感受或总结,并没有太多细节。大卫的记忆是真的吗?我不知道,但如果大卫成年后经历的某个问题能得以解决,我已知足了;如果仅通过一次咨询就能让问题随风而逝,我就更加乐不可支了。

大卫的故事表明,并非只有尖酸刻薄的父母或糟糕的教养方式才是让孩子缺乏自信和信念的元凶,一切因素皆可成为元凶。如果你是一个父亲或母亲,那么大可不必担心你的教育方法对孩子造成了什么影响,因为无论做什么,都不会那么尽善尽美。

探索之旅

（1）关于自尊的一些问题

生活中的哪件事情让你觉得自己无足轻重、一文不值？

·你的父母是如何对待你的？他们在乎你吗？倾听你的意见吗？尊重你的界限吗？夸奖你吗？

·你的父母经常把你晾在一边，然后先去忙其他事情吗？他们优先想的是工作、自身需求、你的兄弟姐妹、电视节目，还是手机？

·你的父母有没有饱含深情地向你说过他们爱你？

·你是否时常觉得自己是父母的绊脚石、累赘，无论做什么都不能让他们满意？

·你的父母是否经常对你发脾气或表现出对你很失望？

·现如今，你还在哪些方面苛求自己？

好好思考一下上述问题，然后将你的回答写在笔记本上吧。

（2）关于自信的一些问题

生活中有哪些事情会让你怀疑自身能力，让你觉得自己是个酒囊饭袋？

第四章 松开刹车

- 你做完一件事情后,你的父母会对你赞扬有加,还是横挑鼻子竖挑眼地吹毛求疵?
- 你处理预期的方式是否合理?
- 别人是否经常对你说"你错了"或"你难道不知道吗"?
- 当你犯错时,你的父母或其他大人向你发脾气吗?
- 你是否觉得自己努力了,但大人们却感到颇为失望?
- 父母是鼓励你自己去尝试,还是让你什么都别掺和呢?
- 你与兄弟姐妹或朋友之间是否有过竞争?
- 你是否觉得自己本应该表现得更好?小时候,你是否觉得自己在某方面很失败?
- 有没有过束手无策、孤立无援的时刻?

请列一个清单,清单一侧列出令你满怀自信的事情,另一侧列出你自信欠佳的事情。清单完成后,它便能一针见血地阐明你的实际立场,一个更加清晰的事实也将展露在你眼前——自信零散分布于某些领域。

在我们踏上增强自尊与自信的实践之路前,最好先快速审查一下自尊和自信有什么表现。

(3)自尊的表现

- 为自己据理力争,设定界限。
- 敢于表达自己的需求和意见。

所谓命运，其实就是潜意识：
99% 的人不知道的母体思维

- 自己做决定。
- 能够对别人提出的要求说不。
- 尊重自己。
- 很多情况下都有安全感。
- 自身与他人皆平等。
- 接受情绪变化，合理宣泄情绪。
- 为自己感到骄傲。
- 能够欣赏自己和他人。
- 能够看到自身和他人的优缺点，并欣然接受。
- 喜欢成长，乐于寻找生命的意义。
- 拥有积极向上的人生态度。
- 邀请人们走进你的生活。
- 有明确的价值观并按照这些价值观生活。
- 渴望有所作为。
- 能在工作、休闲和娱乐之间找到一个良好的平衡点。
- 敢于接受挑战与成长的历练，并能从错误中吸取教训。
- 接受反馈和批评，并理性对待。
- 自己的人生自己做主，不受他人左右。
- 能够受到赞誉。
- 敢于坦诚相待。

第四章 松开刹车

（4）自信的表现

・相信自己有能力迎接挑战、解决问题，能游刃有余地应对不同的人和事。

・有能力应对未知挑战。

・相信自己对人和事的判断。

・清楚自己对人和事具有一定影响力。

如你所见，上述关于自尊的条目更多，这可不是我的失误。因为自信更直截了当，而自尊则有更多的细微差别。

上述条目中，有些你会感觉一目了然、清晰易辨，有些则可能不容易把握，需要进一步考虑才能做出判断。如果觉得有些条目遥不可及，说明你的经验还不够。有些仅仅因为你还没学会，有些可能因为你曾受过挫，从而认为现在也做不好。请记住，只要有了正确的认知和练习，无论是与人交谈，攻读大学课程，向暗恋对象发出邀约，制定决策，赢得比赛，还是设定界限，成功都会变得触手可及。

绝地控心术

现在，我们将进入实操环节。自信心爆棚并不是人格特质的

所谓命运,其实就是潜意识:
99%的人不知道的母体思维

一种表现,所以我们无须咬着自己不放,需要做的仅是尝试,一遍一遍、持之以恒地尝试。这会是一段漫长的旅程,不会一眨眼便抵达终点。但若不去尝试和应对该过程中碰到的新事物,很难建立起自信。待在舒适区的确很安逸,可是时间久了,自信心会下滑,影响个人成长不说,你也体验不到驾驭事物的畅快。一个人,只有通过挑战自我,将一个个新事物纳入麾下,才会真正地长大成人。你会为自己感到骄傲和自豪的。要知道,良好自尊的重要基石就在于此。正如我前面所言,自信与自尊携手并进、共同发展。我深信,你定会如我的客户那样,一天一个新台阶,向着既定目标前进。

说到我的客户,他们也一度留恋于自己的小天地,在自尊与自信提升训练中敷衍塞责、消极应对,为此,他们可谓绞尽脑汁,给出一堆的理由:"太难了,我不舒服,太恐怖了,我做不到,我害怕,不可能。"很多人认为,自己首先要具备"天生我材必有用"的底气,觉得足够强大、足够勇敢,思想和行动上都已准备就绪,才能采取行动。然而恰恰相反,自身价值和能力不会凭空而来,需要经过行动历练方能获得。随着行动增多,你也会变得越来越勇敢,执锐披坚,来之能战、战之能胜。漂亮的成绩单一旦出炉,动力便会不招自来。所以,你没必要等到"天时地利人和"才伺机而动,松开刹车,前进吧!

我不会要求你一上来就跟那个你一生中最害怕的人对峙,也不会强迫你在一周内对着一群人发表演讲,但我希望你先开始一

第四章 松开刹车

小步，循序渐进。就像体能训练时，从最容易的那环开始。此时此刻，你觉得更有勇气应对哪些人或事？当然，不一定是针锋相对的冲突。可以是在决定去哪里吃午饭时，让同事们清楚地听到你的声音，知道你的决定；也可以在别人问及你的需求时，不再脱口而出"随便，都行"。譬如，你会告诉按摩师如何按摩、用什么力度，你能够在会议上表达自己的观点……总之，从积极之处开始吧！在感觉情况允许时，可以相应提高难度。从最初能说出什么很棒啦，喜欢什么啦，想要什么啦，渐进到能够表达自己不喜欢什么，并在不太清楚该做何种反应的情况下，说出你的看法。直至最后，哪怕是处于剑拔弩张的氛围之下，也能表达自己的观点，叫停冲突，叫板那些不尊重你的人。你有一生的时间改变自己，所以一步一步来。但，你得开始行动了。

黑客信条 6

5秒法则

我们需要粉碎这样一个"神话"，即必须先等动机、勇气、自信、方向各就各位后，方能开启行动。这个神话让我们以为，要想改变，必须先做好准备。也就是说，我们应该在某天醒来时，感受到动机、勇气、自信俱全，清楚努力的方向，再采取行动。好吧，我们在等天赐良机，但问题是，人脑天生就不是为解决全新的、困

所谓命运，其实就是潜意识：
99% 的人不知道的母体思维

难的、吓人的和不适的情况而设计的，恰恰相反，其设计宗旨是让我们获得安全感，节省体能，确保我们能活下去。然而，要想成长进步、追随梦想、更换工作、发展一段关系，我们又必须勇于探索未知、经受磨难、克服恐惧、忍受不适。

我们一般不喜欢冒险行事，因为人脑遇到挑战会及时"刹车"。只不过，这种刹车通常比较轻微。"犹豫"便是人脑刹车的表现。比如，虽然我们想在大会上表达自己的看法，但犹豫再三，最后偃旗息鼓，什么也没说。再比如，虽然我们特别想结识某个仰慕已久之人，但机会来了，我们并没有走上前，而是犹豫再三，然后去了酒吧。我们虽未察觉，但就在犹豫发生的那一微秒的时间内，人脑已经收到一个压力信号，继而进入警戒状态："为何犹豫了呢？一定有什么事不对劲吧。出什么事情了呢？"随即，人脑便开始绞尽脑汁地护你周全。而使你困囿其中、左思右想便是它最钟爱的保护手段之一。经过一番怀疑与分析后，你做出那个用滥了的决定——按兵不动。此时，你已经让焦虑、紧张、不安和害怕绑架了。

小时候，总有人给我们以鼓励。还记得学游泳时，爸爸是如何一边跟我开着玩笑，一边将我推入水中的。要是没有那一推，我当时可能真不会下水，谁让我是个"bath coward"（因怕凉而拒绝在开阔水域游泳的人）呢！成年人做事时常犹豫不决，因此一旦发生此类情况，我们"必须"推自己一把。随着事情向前发展，我们会为自己感到自豪，这无疑也会增强我们的自尊。鉴于我们走的每一

第四章 松开刹车

步皆证明，我们能行，我们也会因此变得更加自信。

研究表明，在人脑插手之前，我们拥有一个持续5秒左右的"小空档"或"窗口期"。把握这一短暂瞬间，我们就能先大脑一步，掌控大局，发出行动的指令。畅销书作家兼电视明星梅尔·罗宾斯的"5秒法则"正是基于5秒窗口期这一概念提出的。

每当要做一些令自己感到不适、害怕、觉得有困难或头一次遇到的事情时，你就像火箭发射倒计时那样倒数5个数吧。5、4、3、2、1，走起！可以在说末尾的"走起"时做某种动作，帮助身体获得一定程度的激活。这种伴随肢体活动的5秒倒计时仪式有助于打破僵化封闭的思维循环，让你停止胡思乱想，立即付诸行动。此外，5秒法则还会在禁用大脑自动驾驶模式的同时，唤醒你的首席执行官，即前额叶皮质，让它来掌控全局，助你轻轻松松，摆脱大脑的束缚。

举个例子。清晨，你坐在床边，看向窗外。映入眼帘的是一片灰蒙蒙的世界，大雨瓢泼而下。可你已经定好每天上班前晨走30分钟。于是，你开始琢磨是不是先喝杯咖啡或者先回复一下邮件。甚至开始考虑，这种天气是不是会引发膝盖疼痛啊？

转眼，30分钟一晃而过，上班前的晨走泡汤了。显然，大脑将你绑架了，还一脚为你踩下了"刹车"。就在你优柔寡断之时，比赛结束，你输了！此时，不妨推自己一把！从5开始倒数，5、4、3、2、1，走起。然后，步伐坚定地走向客厅，穿上外套，出门！

所谓命运，其实就是潜意识：
99%的人不知道的母体思维

早在19世纪，瑞典科学家斯凡特·阿伦尼乌斯[1]便明白了"万事开头难"这个道理。要想开启一天的连锁反应，离不开大量的"活化能"——就像有些人需要一杯晨间咖啡才能开启一天一样。而"5秒法则"便是产生活化能的一种方式。因为倒数能唤醒人脑中亟待启动的部分。一旦唤醒成功，便无往不胜。

有时，我们发现自己很难走出舒适区，这是为何？背后蕴藏着一个生物学原因。过去，大多数人的活动仅局限在距离出生地方圆几公里的范围内。只有那些"叛逆者"和"冒险者"才会超越这一范围，但结果往往是有去无回。诚然，成为叛逆者需要承担风险，有时还要忍受孤独。因此，作为一个叛逆者，你可能要承受来自顽固派的疯狂抵制。

而"5秒法则"的绝佳之处在于，它适用于万事万物。如果你萌生了迈向目标的冲动，却仍在犹豫是否采取行动，从5开始倒数：5……1。之后，大脑便会松开"刹车"，而你也将朝着目标进发。不妨在开会时讲讲自己对某个问题的看法，走近一个人并做个自我介绍，起身下床，报名学习一门课程，给储藏室来个大扫除，消除误解……5秒法则的适用范围不胜枚举。当然，使用该法则时在脑中默念就好，想必你不想被人当成是十足的疯子吧！哦，别忘了，当"走起"说出口时，身体也要有所动作哦。

---

[1] 斯凡特·阿伦尼乌斯，瑞典化学家，1903年诺贝尔化学奖得主。——译者注

列一个清单，上面写上你这个月想要完成的5件事。大扫除、启程、辞职、见面、澄清问题？不要只盯着那些简单易行的事情，给自己来点儿挑战。你可以两手抓，一手抓简单易行的任务，一手抓复杂棘手的任务。你也可以把一些事情整理成当月清单，当月开始，当月结束；而其他事情，则可以作为"日常例事"每日执行。

黑客信条 7

停止抱怨

遇到事情，人们往往喜欢抱怨。其实，抱怨也成了一种习惯，只不过最后，它变得司空见惯，以至于我们视而不见。人在抱怨时，往往无视事态进展，有意夸大坏的方面。如果一个人总是怨气冲天，其体内的消极默认模式便会得以滋养、发展。牢骚越多，体内蓄积的负能量值就越高，人也就愈加郁郁寡欢、闷闷不乐。

我们为什么会抱怨？

- 抱怨可以帮我们规避一切。抱怨为我们推迟活动、暂缓目标提供了一个借口。比起实干，抱怨容易多了。

- 抱怨可以帮我们逃避责任。例如，你总是上班迟到，然后将过错归咎于交通。其实，你本可以考虑提前一点从家里出发的。当然，甩锅给旁人也是逃避责任的一种方式，即都是别人的错，别人才应该改变，我们只不过是受害者。

- 抱怨可以让我们收获关注，坚定自身信念。
- 扎堆儿抱怨可以让我们产生归属感。
- 抱怨会给枯燥乏味的生活增添点"作料"——有好戏看了。
- 抱怨可以让我们压别人一头。
- 抱怨可以为自己的失败开脱（例如，抱怨太阳太刺眼了）。
- 我们担心如果自己不发发牢骚、抱怨几句，便会停滞不前。于是，抱怨和不满演变成了助推自己前进的一种方式。然而，在我看来，"好奇心""能量""快乐"才是驱动前进的制胜法宝。

如果你能平衡好"接受"和"担责"之间的关系，那我要给你点赞！要知道，面对自身无力改变的事情时，很多人会选择抱怨，抱怨天气、交通，或者他人的过失，等等。殊不知，面对此类情形，坦然"接受"才是上策。面对其他情况时，我们应在心态之车偏离轨道时及时提醒自己将之回正。但无论如何，请务必实事求是。"担责"意味着你意识到自己在抱怨，接下来有两种可能：要么停止抱怨，寻找解决方案；要么抽身离去，逃之夭夭。担责需要一定的勇气，好在，勇气是可以通过训练获得增强的。

想一想　想想看，除了将自身的不满情绪转移到别处（如伴侣、排队结账的女士、晚点的公交车），是否还有其他的解决方案？

黑客信条 8

（1）遵守你的荣誉准则

上帝亲传给摩西的"十诫"曾是埃及人恪守的荣誉准则。但事实上，古埃及人需要遵循的清规戒律和普遍道德准则足足有42条。在他们看来，在任何与家庭、社会等有关的场合下，人们都应规规矩矩、诚心诚意地按照这些道德准则行事。古埃及人认为心脏象征"精神与灵魂"，羽毛象征"真理与正义"。因此，人在往生之后，其心脏会被拿来与正义女神"玛亚特"[1]的"真理之羽"进行比较。如果心脏的重量比"真理之羽"轻，表明逝者生前安分守己，他们会在冥王"奥西里斯"[2]的庇佑下，升入天堂，获得永生。反之，其灵魂则被怪兽吞噬。

我们的"荣誉准则"如一份"戒律清单"，陈列其上的"道德准则"个个都在向我们昭示着"如何成为一个好人"。"堂堂正正"是让我们收获"骄傲"与"自重"的重要一环。而"骄傲"与"自重"又是支撑"自尊"的两大基石。一旦违反了自身的荣誉准则，我们的自尊也会遭到侵蚀。

---

[1] 玛亚特，古埃及神话中的"真理和正义"女神，其象征物为鸵鸟羽毛。——译者注
[2] 奥西里斯，古埃及神话中的冥王。——译者注

所谓命运，其实就是潜意识：
99% 的人不知道的母体思维

想想看，哪些是从属于你的荣誉准则？如果有的话，你恪守的概率有多大？当然，你可以按照自己的意愿，构建你心目中智慧善良的好人形象。但最为重要的是，能够发自内心地感觉到你已做了符合自身价值观的事。一旦如此，你便可充满底气地给自己点个大大的赞，而不必在意是否在别人眼里，你做多了、做少了，还是做得不尽相同。

下列有关"戒律"的事例可以为你的荣誉准则添砖加瓦：

· 坦诚相告

大多数人都会时不时地撒谎，对自己的事情东遮西掩，不是自欺欺人，就是欺骗他人。通过撒谎，我们给自己戴上了一个厚厚的面具，掩盖了真正的自己，直至最终，迷失在自己的谎言中。

自尊不仅关乎你对自身的看法和感受，还关乎你对自身的了解，即知道"你是谁""你的立场是什么""你想要什么"。要想搞清这些问题，你必须对自己和有关自己的事情"去伪存真"，并对他人"坦诚相告"。在这方面，那句大家常说的"真理必将让你获得自由"可谓一语中的。一旦你忠于自己，便能自由无碍，成为真实的自己。你不再是为迎合世界创造出的产物，而是超越母体编程之外的神奇存在——一个真实的你。

坦诚相告的重要之处还在于，它能让我们为自己感到骄傲。如果未能坦诚相告，意味着我们违背了自身的荣誉准则，继而沦为骗子，而且自尊也会惨遭损伤。为了让良心上过得去，我们经常会创造一个

第四章 松开刹车

谎言的子类别,将其称为——善意的谎言。如此,就可以在撒谎时感觉舒服一点,既保护自己,又避免产生陷他人于不义的愧疚感。但问题是,善意的谎言仍是谎言,仍会有损我们的骄傲和自尊,因此,千万勿以谎小而为之。虽然有些谎言会随风而逝,但这样的谎言说多了,也会为自尊带来不利影响。

· 做人要诚实

当有人问你"感觉如何"时,不要随口说出那句"一切都好",不妨说出你的真情实感吧!这意味着你向诚实之路迈出了好的一步。当然,你不必滔滔不绝地说个没完,一句发自内心的简短回答足矣。迈向诚实之路的另一步是,当你分不出身或不想去见某人时,不必勉强。但通常情况下,人们不会如实相告,相反,会为此想出各种借口,比如,要带孩子,要做作业,要工作,或者要去修车,说完便躺在沙发上煲起剧来。为什么要煞费心机地这么做呢?一来我们不想让对方失望,二来也害怕直言相告被别人评判。毕竟,上面这些理由符合常理,也容易被接受,比说"我想躺在沙发上"入耳多了。

但我还是那句话,做人要"诚实"!你大可以说句"以后再约",向他/她表明你其实心里是很在乎他/她的。要是不想让他/她失望,就欣然接受,或者干脆将这次见面看作是对你的一个嘉奖吧。人家一直期待与你会面,证明你很重要啊。

诚然,坦诚相告引发的后果有时会比较可怕。比如,邀请你的人可能会因此勃然大怒、气急败坏或大失所望,还有可能引发误解,让人对你愤愤不平、产生敌意。然而,如果你想延续"自重"与"自

所谓命运，其实就是潜意识：
99%的人不知道的母体思维

尊"，就得时时处处"真实""真诚"。做个诚实的人吧！从小事做起，一步步来。那我们该如何成为更加真实的自己呢？

我亦是诚实之路上的行路者，也在时刻努力以更加诚实的态度对待自己和他人。但在实施时，会因时因事不同，感觉各异。有时，轻而易举、超级简单；有时，心惊胆战、惶恐不安；有时，望而生畏、趑趄不前。然而，我在这条路上步履不停、奋勇向前。每一次的坦诚以待，都会消减一部分困难和恐惧，也让我为自己平添几分自豪感。

- 坦诚待己

长时间沉溺于自我欺骗的世界，我们有时会迷失自我。我的不少客户就是这方面的受害者，他们搞不清自己究竟何许人，也不知道到底想要什么。为此，他们前来向我求助，希冀我能帮他们找到生活的激情、目标和快乐。解决这些老大难问题看似困难重重，其实也有捷径可寻。"诚实守实"就是助你回归内心归宿的第一步，找到它，激情、目标和快乐也会如期而至。

发挥你的侦查技能，看看你在哪些方面（包括自身和他人）更加抱诚守真。但请记住，实事求是可不意味着你必须冷酷无情。

- 信守诺言

不管对自己还是他人，都要一诺千金。出尔反尔，不仅有损你的诚信，还会侵蚀你的自尊。经常言而无信之人，其承诺在别人眼中一文不值。天道人心，机不可失，时不再来，待到威信尽失，想去挽救也无计可施。正可谓"言而无信，行将不远"。长此以往，连自己都爱不起来。毕竟，少有人会对一个信口雌黄、言行不一之人产生好

第四章　松开刹车

感。例如，你本来下定决心每天散步30分钟，最后却没有付诸行动，你可能会因此对自己大动肝火，并为自己的不作为感到失望透顶。彼时，你的内在判断正在侵蚀你的自尊。

审视一下自身，看看是否常常自食其言，而置自己于不义之地。在夸下海口之际，你考虑过自己能够办得到吗？对于自己做不到的事，你是否格外谨慎小心，不再信口开河？

·不要介入负面八卦

当与他人一起谈论别人是非时，那些负面信息和评价犹如毒素弥漫，部分会残留在你的能量系统，阻断能量循环。倘若你不能或者不敢当面制止那个人，那就尽量保持沉默吧！不揭人短、不议人非为上策，否则有损形象，毕竟大多数人都是以背后嚼人舌根为耻的。

·再做一次，这次做好

你一直都能按照自己的"荣誉准则"对待他人吗？是否也存在未能遵守的问题？假如有类似问题的话，要尽可能想办法将之解决，否则这段经历可能会一直存在于你的能量系统。与我共事的客户之中，有的曾在小时候偷过妈妈的钱买糖果，有的曾在学校霸凌过一个朋友，有的还曾欺骗过自己最好的朋友。虽然历经10年、20年，乃至40年，他们仍然未能走出这些事情的阴影。你我皆非圣贤，一生中会犯很多错误，犯错不怕，但要及时改正啊。

列一张清单，列出你需要补偿的对象。当想到某事或者某人时，你是否会感到自责？做个深呼吸，然后把这些人或事从你的清单中画掉吧！

· 行善事，得善果

"行善事，得善果"这一观点可以追溯至古希腊时期的哲学家亚里士多德。改变不会仅凭你想一想就降临身边。要想成为积极快乐之人，你需要行动起来。比如，做了一件好事之后，你会从内心感到自己是个好人。乐善好施之人往往更加幸福快乐。既然如此，何不时常抽出时间，力所能及予以他人帮助，或者打个电话关心一下朋友，或者给邻居帮个小忙，或者为陌生人提一下东西。别小看这些不起眼的日常善举，它们会成为你骄傲和喜悦的源泉。

（2）拳台之上，不动如钟

为自己据理力争通常不是件容易的事，因为这样做不免会惹怒他人，或让他人伤心难过。但通过勤加练习，你完全有可能做到驾轻就熟，不仅如此，你还会发现这项技能大有可为。拳台之上，一旦站立于属于自己的那一角，便证明了你的价值，增强了你的自尊。如何不卑不亢、据理力争？下列小窍门将会助你一臂之力：

· 为自己争取时间

面对他人的求助，该怎么办？有两个办法。其一，别忙着慨然应允，在此之前不妨先琢磨一下，答应以后会有什么后果。在说出"没问题"之前，可以先回复"需要考虑一下"，第二天再给答复，或者回复"你需要和某个人商量商量（哪怕这个人是你自己）"。其二，告诉他/她，你可能爱莫能助。例如，你可以说，自己既已决定量力

第四章 松开刹车

而行,对于无暇办到的事,无法做出承诺。如果在初始阶段便给求助者打一剂预防针,让他/她知晓,你可能帮不上什么忙,事情办不成,他/她也不至于太过失望。另外,这样做,也能给他/她另请高明的机会。我对这项技能,也投入了很长时间的练习。在回复"考虑考虑"之后,起初,我需要花上很长时间,有时甚至几个星期,才能做出帮或不帮的决定。一段时间后,便能在一周之内,或者是一觉睡醒后的第二天,做出决定。现如今,我通常可以当场回绝,当然如果出现难以立即拒绝的情况,我会说:"给我几天时间,让我再考虑考虑。"

· 审视自身直觉

为自己争取到时间之后,就需要审视自己的直觉,问问自己是否真的想做这件事。在1~10的范围内选取一个数值,看看你的执行意愿有多大。如果拿不定主意,还可以问问自己:"要是我知道即便拒绝了,他/她也不至于太过生气、失望或不安的话,我会拒绝吗?"起初,你会感到惴惴不安,这很正常,毕竟你不知道拒绝后,那人会有什么反应,但你要勇于听从内心的声音。当然,有时难免会遇到一些你不喜欢但仍不得不做之事,之所以答应帮忙,仅仅因为这件事对那个人很重要,而你很在乎他/她的感受。但要清楚,你可以为向别人示爱或拉近彼此的关系而为之,但绝不要出于内疚或责任而为之。

· 心怀善意,坦诚相告

如果你感觉让别人败兴而归或直接拒绝实施起来非常棘手,通常

所谓命运，其实就是潜意识：
99% 的人不知道的母体思维

是因为你不知道该如何恰当地表达自己的想法。其实，实话实说就好，让对方知道，帮不上忙你深感抱歉。千万不要留有余地！记住，这很重要！切勿表达模棱两可，让人感觉你虽帮不上忙，但情况有了一定进展，或发生一些变化后，你或许又能帮上忙了。诚然，我们要和善待人，但不能给人留一种凡事好商量的印象。直截了当、清清楚楚地如实相告就好。

黑客信条 9

（1）不吝表扬

感到自卑时，人们往往会去寻求他人的表扬和认可，以从中找到自身价值所在。于是乎，我们每个人都成为"讨人喜欢"之人。之所以对他人的认可孜孜以求，原因在于我们渴求的鼓励不能从自身获得，由此产生的空缺就必须依赖他人加以填充。空缺越大，需要填充的需求越强烈，便会滋生一些极端行为。这是一种恶性循环。外在表扬会让人上瘾，久而久之，人们便会迷失自我，完全沦为外在评价的奴隶。然而，这种来自外部的点赞并不能真正填补我们内心的空虚，只有发自内心的自我认可才具有春风化雨般的滋养功效，为精神之树源源不断地输送给养，助其茁壮成长。记住，他人的认可不过是锦上添花，只有你才是自己的救世主。

可是，人们缘何如此痴迷于外部认可呢？原来，幼年时期，我们全部的价值观和存在感都仰仗父母的评判。获得父母认可自然成为我们赢得关爱、归属感和安全感的制胜法宝。童年时期花费大量精力取悦父母的孩子，在成年后，也很有可能会将大部分时间用于取悦别人。有时，我们认为唯有获得他人认可方有可能踏上成功之路。诚然，此话不假。毕竟，没有人能够完全脱离他人而存在。有时候，我们的确需要他人认可，以证明自己具备一定的工作能力，配得上获得的那份薪水，扛得起负责领域的大旗。

（2）自我表扬

一定不要将表扬与行为进行关联绑定。如若不然，就会得出如下阐释：做了好事，就是个好人；一旦犯错或行为失当，就是坏人。未能达到自己既定的目标？辜负了别人寄予的厚望？千万别将失败都归咎于自己，并为此感到羞愧难当。相反，你应大大方方地为自己点赞！理由嘛，就从下述词语中选择任何符合自身情况的拿来用吧：品行端正、善解人意、乐善好施、积极开朗、诚实守信、风趣幽默等。时常夸夸自己有助于调动体内的积极标准模式。毕竟，你说什么，大脑便信什么。善待自己比自怨自艾更有助于成功，一个劲儿地自我批评不仅无济于事，还会让自己动机全无。无论是外部批评，还是自我否定，任何形式的贬低都会消磨人的斗志，让人灰心丧气、萎靡不振，然后放任自流。

（3）恰当表扬

自我表扬时，你需要为付出的"努力"而非得到的"结果"点赞。因为有些事情，即便努力了，结果也未必遂心如意。我们要褒扬那些自己可以影响的因素——奋发努力和遵守承诺——大脑便会萌生出下次再接再厉的渴求。研究表明，人们更愿意在那些有望成功且大脑能够感受到日新月异的领域投入精力。因此，多多关注已经取得的成就吧。

把所有的成就列个清单，有事没事拿出来看看。再把大目标拆解成几个小目标，如此，大脑便能体验一众小成就，从而提振精神、奋勇向前。人脑是个"过程控"，体验的过程越多就越愿意去体验。如果能在执行任务的过程中，庆祝一下已经斩获的小成就，会给人脑输送更多干劲，使我们继续大步向前。定期审视一下自己的成就吧！可以每天晚上，把白天发生的那些令你感到骄傲、做过的和完成的事写下来。如第三章所述，开始你的"沙里淘金"！如果觉得这样做有自吹自擂之嫌，不妨想象成表扬一个蹒跚学步的孩子——你的内在小孩[1]。我给自己鼓励时，就喜欢唤醒内心的那个小女孩，并见证和体会表扬带给她的喜悦。

---

[1] 内在小孩，近年来心理学界颇为引人注目的一个概念，并因此诞生了"内在小孩治疗法"。——译者注

黑客信条 10

远离不上不下的中线

　　学生时代，我们会把较多精力集中在不及格科目的补习上，而不会全力以赴钻研已驾轻就熟的科目，以让自己成为该领域的佼佼者。比如，如果想要摆脱数学科目的低分窘境，那就要猛攻数学，从而无暇顾及那些已经擅长或喜欢的科目。这意味着，步入成年后，我们也会停留在一个"不上不下"的中间地带，对一切均有涉猎，却无一精通，难以成为某行业的翘楚。鉴于过多关注自身欠缺会导致自信心降低，且在弱项上花费太多时间得不偿失，我们应关注自己的强项。一事精致，足以动人。如果认为自己没有一技之长，不妨再仔细想想，你总能找到一个自己擅长或乐在其中的领域。如果某件事你做起来感到兴趣盎然，假以时日，你极有可能成为该领域的专家。

　　明确自身强项。弄清楚该怎么做可以让擅长的技能更加炉火纯青；什么事情会让你乐此不疲，沉醉其中。

60秒速览

提升自尊和自信就像是体能训练，你需要步步为营，持之以恒。

自信是有缺口的。在某些特殊领域或情况下，你相信自己完全有能力应对，但到了其他领域或情况下，可就未必如此自信满满了。

按照自己的意愿，构建你心目中智慧善良的好人形象。

5秒法则。如果你萌生了迈向目标的冲动，但仍在犹豫是否该采取行动，倒数"5，4，3，2，1"，走起！然后松开刹车，动起来！

停止抱怨。人在抱怨时，往往无视事态进展，有意夸大坏的方面。如果一个人总是怨气冲天，其体内的消极默认模式便会得以滋养、发展。

遵守你的荣誉准则。遵守个人道德准则是感到自豪的重要途径。自豪能强化自尊。

不吝表扬。为自己及自己的努力点赞。他人的点赞不过是锦上添花，最重要的赞许是自我表扬。

远离不上不下的中线。专注自身强项，将自身长处发挥到极致。

第五章

患上了情绪痉挛

情绪是能量运动的体现,需要释放。情绪之浪,层层堆叠,无论怎么压制,最终必将一泻而出,才不管三七二十一呢!

这是一对伴侣之间发生的故事。挤牙膏时，男方习惯从牙膏管尾部挤，而女方则习惯拦腰从中间挤。长此以往，二者之间的火药味越来越浓。终有一日，男方再也无法压抑心中的怒火，责怪道："是个人都知道的，牙膏应该从末端挤！就你特别！"女方听罢，觉得男方未免太过于小题大做，于是大战上演了。

但问题真的出自挤牙膏吗？我看不尽然。小烦恼的源头往往别有洞天。在此，挤牙膏管只不过充当导火索，引爆了二人心中压抑已久的懊恼和沮丧。

生活在这大千世界中，我们要学会审时度势、谨言慎行，这就需要控制自身感受，以免在众人面前出丑。然而，这些隐藏的感受犹如地壳下奔腾的岩浆，必定要找个地方喷涌而出。例如，在洗手间刷牙时；再比如，白天工作不顺心，一进家门还踩到了孩子扔得七零八落的乐高积木上，我们自然会没好气地嚷："说过多少次了？玩完不知道要收拾起来吗？"从早上就开始积累的怨气正无处排解，责骂自然会尖酸刻薄。如果出现这种情况，说明你正受"情绪痉挛"的折磨。

情绪和感受

首先，我们来区分一下"情绪"和"感受"。处于某一事件当中，身体会产生"躯体感觉"，并在"生物化学反应"的驱动下，做出某种反应。而"情绪"便是身体先于感受对事件做出的反应。情绪反应会以记忆的方式存储于身体，且长期以来，一直充当救火队长，既能于危难之际力挽狂澜，亦能赋予我们如沐春风之感。情绪与生俱来，且瞬息万变，除非得到激活，否则将一直休憩于潜意识之海。

如果用一个词给我们的躯体感觉，即情绪，打个标签，那便是感受。简单而言，感受就是人们对待情绪的心理反应，是人脑对情绪的解读。大脑通过汇总身体各系统——免疫系统、神经系统和内分泌系统（又叫"荷尔蒙系统"）——产生的一切信息，然后将之解读为某种感受。因此，感受是主观意识的产物，源于我们一生中积累的经历、记忆以及信念。

情绪和感受均在我们的生活中扮演着重要的角色。其中，感受是我们行为背后的驱动力，无论是积极的还是消极的。由于大多数人并不了解情绪和感受何以掌控我们的生活，当涉及自身某种行为背后的起因时，我们并非总能洞若观火。为方便理解，我会在后文中使用"感受"以描述我们的情绪体验。

你有情绪痉挛吗

感受也好，情绪也罢，都是能量运动的体现。感受犹如入口之食物，在身体里走一遭后排出体外。倘若食物卡在肠子无法排出的话，就会产生胃痉挛。同理，倘若被卡住的是负面情绪，便会产生情绪痉挛。对父母来说，充分体验抚养孩子的酸甜苦辣，然后选择放手是抚养孩子的目的。感受与养孩子很相似，如果被压抑，就会变成埋在体内的一枚反应迟缓的定时炸弹。如果无数感受都被卡在身体里，层层堆叠，最终必将一泻而出，它们才不管三七二十一呢！于是，压力、沮丧、生气、不安便在我们体内畅行无阻，并为愤怒、抑郁、绝望、悲伤、恐慌和焦虑埋下伏笔。

很少有人能够随心所欲地表露自身感受。当感到难受或愤怒时，人们不是极力压制这种感受，就是借其他事情分散注意力或麻痹自己，如沉溺美食、药物、酒精、工作、运动、购物。但这如同将一个沙滩球按到水下一样——它终究还会再次浮出水面。

通常而言，孩子们更善于直截了当地表达自身感受。因此，其"情绪爆发"来得快，去得也快。但当孩子们多次目睹大人"眉头一紧"，并听到大人告诫自己要"好好表现"后，他们便开始压抑自身感受。不幸的是，我们根本无力阻止情绪火山失控喷发，只能在山崩地裂之前，暂时将之压抑一会儿。

研究表明，人们越想逃避或压抑自身的感受，反而适得其反，使之越发变本加厉。每一次的逃避或压抑，意味着今后要调用更多能量才能将之加以控制。不少客户都曾跟我说起，一旦不再纠结于过往，顺其自然，能量便会奇迹般归位。然而，如若长久不能释怀，那些陈年旧事压抑已久，无处排解，便会对身体下手。曾被《福布斯》杂志选为"全美最佳内科医生"的康复医学教授约翰·E.

萨诺认为，身体上的疼痛往往植根于我们的"心理"和"情绪"世界，如果感受和恐惧无法得以宣泄，就会引发"慢性紧张性炎症"，导致身体出现痛点。这点也在我的一些客户身上得到了充分验证。成年累月的恐惧、悲伤、愤怒、失意、担忧宛如重重大山，不仅会压垮我们的神经系统，也会让我们的身体不堪重负，久而久之，身乏体痛不招自来。萨诺甚至发现，慢性疼痛其实是一种保护，在我们尚未决定是否接纳某种感受时，挺身而出，分散对于这一感受的关注。但是，该保护也会产生误导，因为如果人们太过专注身体的不适，往往会忘记疼痛产生的真正源头。

有勇无谋的冒险

我一直是封印自身感受的行家里手。爸爸崇尚力量和强者，由此也造就了其情绪化的性格特点。他总想在别人面前展示自己有多强大，行事往往大胆冲动、不计后果。爸爸喜欢猎奇冒险。比如，在海里游泳时，他会不顾一切，一直游到人迹罕至的大海深处。不仅如此，他身后还拉着坐在充气小塑料船里的我。再比如，爬阿尔卑斯山时，爸爸会用一只手拉着我，让我在悬崖峭壁边晃来晃去。小时候的我，将爸爸奉为心目中无可取代的偶像，所以朝思暮想、盼望能够成为爸爸那样的人，为证明自身实力，即使面临危险，我也不会表现出任何恐惧。但我知道，我心里可是怕得要死，只不过为了展示自己胆大无畏，我只得硬着头皮，将一个个恐惧加以封印，不示外人。如此一来，恐惧与日俱增，直至有一天，我再也不是它的对手，只得任凭其发泄。于是，恐惧的身影开始在各种环境下显现。只有在我终于敢于直面它，并设定出能承受或不能承受的范围时，恐惧的阴霾才开始渐渐散去。我将恐惧分成了两类，一类是可以保留的，因为可以保护我；一类是可以放手的。我深知，必须让自己明白自身的脆弱，并接受自己生而为人的一切特质。

我们只是想释放

卡米拉是个多愁善感的小女孩，内心敏感、行事多变。与卡米拉相反，她的父母不苟言笑，感情很少外露。爸爸经常劝卡米拉别动不动就为一点芝麻绿豆的小事情哭得稀里哗啦，有时也会因卡米拉固执己见而大发雷霆，这种情况在卡米拉蹒跚学步的时候表现得尤为明显。爸爸怒不可遏时，总会把年幼的卡米拉打发到自己的房间去面壁思过，而这让卡米拉感到孤独无依，自己纵有满腹心事也无人可诉。为博父母高兴，卡米拉开始封闭自身感受的出口，模仿父母的一举一动。这种百依百顺、言听计从的态度获得了父母的认可，卡米拉成了父母眼中的"乖乖女"。然而平静的表象之下暗流涌动，所有悬而未决的感受不断蓄积酝酿，让她在成年后，患上了重度焦虑。有时，情绪爆发非常激烈，大有排山倒海、地动山摇之势。

于是，卡米拉找到了我，让我想办法把她从焦虑症中解救出来，开启更加平衡的生活。当然，我也很快就破解了导致卡米拉情绪爆发和焦虑、激动的原因——先前被禁锢于体内的感受想要突破重围。请记住：情绪是能量运动的体现。如果我们封锁情绪，它们便成了笼中困兽，反而更想打破牢笼、挣脱束缚。一番通力合作下来，卡米拉打开了紧闭的心扉，向我倾诉自身的感受。经过体验感受、表达感受，她接纳了自己，也接纳了自身个性的方方面面。经历几番咨询和家庭训练过后，卡米拉已经能够在不同场合下表露自身的真情实感，焦虑和情绪爆发的怒火也随之得以平息。

半年后，卡米拉恢复了平衡状态，焦虑发作也消失得无影无踪。不仅如此，她还找到了更多的"力量"，就连两三岁（意志力尚未扼杀）时的力量也顺利地回归。当允许力量在体内自由地流动时，卡米拉变得更具创造力，不仅可以把手头上的事情做好，昔日梦寐以求的生活也开始展露一角。

慢半拍的身体

人类潜意识没有时空观念，所以想法、感受和行为可以在体内驻扎数年之久。因为在潜意识看来，5岁时定下的条条框框长大成人后仍然完全适用。正因为缺乏时间观念，潜意识并不知道，昔日那些想法、感受、行为、规则和信念已成明日黄花，与现在的情况格格不入了。这就是为什么有些人虽已三四十岁，甚至50多岁，在某些情况下的反应方式仍像个5岁的孩子一样。

我们的身体也会活在过去。那些过往的经历能在体内长期存在，逐渐变为组成生命体的某种化学物质，最终以感受的形式得以储存。一旦我们萌生了某一想法，或者做了似曾相识的事情，它们便被激活。比如，父亲曾因你做错了某件事而大发雷霆，并将你劈头盖脸地臭骂一通。当时，你吓坏了，浑身直打哆嗦。成年后，如若你被上司叫去办公室问话，而你深知这位上司的脾气相当火暴时，小时候被父亲训斥而引发的化学物质会被悄然激活，情绪也瞬间回到了过去：你吓得直打哆嗦。下班回到家，你把当天的经历讲给伴侣听时，也会激活体内同样的化学物质，经历同样的感受。即便一个月后，回想起与上司的这段小插曲，同样的感受还会再度来袭。过往的记忆把你困得动弹不得。只要它们在当下滞留一天，你便一天无法轻装前行。另外，每经历一次，就会赋予这些感受一次生命。日积月累，素有大脑"恐惧中心"之称的杏仁核便会不堪重负，一而再，再而三地释放压力预警信号，而你的身体则每况愈下。

一旦我们觉察到这些情绪记忆和思维模式的存在，就可以放任身体去感受，让身体静下来，直到昨日重现。身体一旦静下来，便可以松开紧抓过去的手，放空先前积蓄的能量。每一次放空，都是对身体进行的一次训练，使之顺利释放过往的感受。如此，我们便能破解先前的编程，降低感受的容量值，并最终打破对它们的依赖。这便是我们获得"自由"的途径。

分子与信息

坎达斯·珀特和乔·迪斯本札等众多领先的神经科学家认为，每一种思维、情绪和感受都会产生一种叫作"神经肽"的分子。这些携带"情绪信息"的分子流经血液时，会影响每个细胞的化学构成。我们经历的每一种情绪——比如，恐惧、愤怒、悲伤、内疚、兴奋、快乐——都会释放独属于自己的"混合神经肽"。由于每个细胞都坐拥成千上万的细胞受体，且每一受体都对某一种类的肽情有独钟，每当神经肽流经身体时，它们会争先恐后与各自喜爱的细胞受体结合，进而为细胞的结构带来改变。一旦人体用某一"感受"来回应某一"想法"，便意味着人脑释放的化学物质形成了一个回路，想法催生感受，感受又带来想法，如此循环往复，生生不息。

当细胞分裂时，有趣的事情发生了。相比之下，如果母细胞经常与某种肽类亲密接触，其分裂产生的新细胞将拥有更多与这一特定肽匹配的细胞受体。同样，如果母细胞对某种肽不太感冒，那对新细胞而言，能够与之匹配的受体数量也比较有限。倘若，细胞被来自消极思维的肽类炮轰沦陷，这些细胞便会因此得到编程，并对含有消极色彩的肽类青睐有加。更糟糕的是，如果此时体内能够接收积极肽类的细胞受体数量减少，则会让消极情绪占上风，让我们感觉前途暗淡。

那么，想法或感受，哪个领先一步呢？相关讨论总是不绝于耳。不妨想象一下，一股信息流正流经你的神经系统，并夹杂着一大堆来来往往的电信号，而其中大多信号都是无意识的。每当你有个什么想法，脑中便会产生一个生物化学反应，由此释放的化学信号物质便被输送至身体各处，你的身体开始感受你的所思所想。随着感受和想法开始呼应，大脑便会注意到，身体正在体验某种感受，于是乎，产生更多符合身体感受的想法。想法和感受来来回回，循环往复。人脑想得越多，释放的化学信号物质就越多，与这些想法相呼应的感受也会增加。直至最后，形成一种心理状态。

一旦你能意识到，"想法"和"感受"可以影响身体反应和身体健康，而身体又能对二者施加反作用，你就会明白改变"思维模式"的意义所在。

人类是具有习惯的生物

感受与我们相处久了，便会成为一种习惯。一旦离开这些习惯，我们反而觉得生活索然无味。即使是一些负面感受，我们也会握紧不放，因为已经惯了与之为伴，一下子没有了它们，我们会感觉有些奇怪。神经科学家乔·迪斯本札曾以"内疚"为例对此加以阐释。倘若，你经常想"是我的错"，身体便开始产生包含内疚的化学物质。一段时间过后，这些化学物质会汇集成一片内疚之海，并任由细胞畅游其中。而一旦细胞长期浸淫其中，其细胞受体就会更加容易受到此类化学物质的蛊惑。总有一天，内疚变成一种常态，身体也不会感觉有什么不对劲。这就如同坐在嘈杂的办公室里，最终你对这一环境习以为常，以至于周围的声音竟无法进入你的耳朵。

一段时间后，细胞会彻底缴械投降，对内疚悉数全收。自此，内疚的感受成为鲜活的明证。你甚至沉迷其中，无法自拔，并将之视为日常的心理状态。鉴于身体已然对内疚这一化学物质上瘾，它便着手追求更为刺激的情绪体验。如果我们自身渴求的内疚剂量未获满足，那么我们会感到寝食难安、忧心忡忡，说明身体已经对大脑的指示心领神会，即自己理应得到相应剂量的内疚。至此，你已彻底改变了自身的细胞受体和生物化学特性，让内疚堂而皇之地担当起矫正体内化学平衡的职责。有朝一日，你再想试图打破这种平衡，便如同触及了细胞的防御机制，它们可不允许你这样做！作为具有习惯的生物，我们通常会对自身熟悉和认可的事物情有独钟。这些事物不见得对我们有益，我们之所以喜欢，也只是因为我们对之比较熟悉罢了。一旦这种模式面临挑战，身体便会说："我不喜欢这样，我没有安全感，我认不出我自己了。"没错，身体会跳出来阻止我们。这便解释了，人们为什么有时会固执己见并执着于自身感受，为什么有时甚至会找寻并坚持那些经常困扰我们的负面感受。

我就这样

感受是某一种经历的最终成品。一旦生活中有事发生,便会产生情绪反应。但关键在于,这一反应的时间有多长。倘若,我们任由这一反应肆无忌惮地持续下去,那它最终会成为我们身份的一分子。这便有了我们将某种感受加于己身,并声称"我就这样"的时刻。于是,我们便处于情绪风暴之中,并任由过往的化学残余荼毒伤害。

一旦感受成为个人身份的一分子,事情就有些棘手了,因为感受很难释怀。对大部分人来说,释怀某种感受就如同舍弃自己的一部分,总会让人胆战心惊。毕竟,好不容易才建立起来的个人身份,我们要牢牢地攥在手心,以便随时知晓自己到底是个什么样的人。我与客户合作时,常听他们询问:"如果舍弃这一问题、感受、想法、行为,我会变成什么样的人?"诚然,对很多人而言,无法认清自身的确颇为恐怖。为使感受重现,我们往往不自觉地找寻某件事或某个人,然后,从中一遍遍地确认自己的确是我们认为的那个自己。这就是缘何会有那么多人对个人提升或改变抱有戒备之心,因为在其心目中,这样做无异于亲手葬送了自己打造的现实与安全。我们割舍不掉先前的感受和身份,就如同我们戒不掉酒精、咖啡、香烟和巧克力一样。身体总希望我们能够回归熟悉的感受和心理状态。

第五章 患上了情绪痉挛

我该怎么办

苏菲时刻担心个不停,一会儿担心自己的学业,一会儿又担心自己的未来;一会儿担心自己会有负众望、一败涂地,一会儿又担心自己一旦成功了又将如何面对。苏菲3岁时,祖母离世,这为她埋下了焦虑的第一颗种子。因为一直以来,苏菲与祖母形影不离,祖母突然离世让她深感自身无能为力。年幼的苏菲不明白祖母为何突然就不见了,由于自己找不到答案,她便寄希望于身边的大人,希望他们可以帮自己答疑解惑。此时,苏菲的信念是,自己弄不懂的事情,必须向他人寻求帮助。在她看来,别人似乎懂得更多,但自身找不到答案的困惑又给她带来了强烈的焦虑感。苏菲想的是:自己有未解之疑,不知道该做些什么,也不知道该如何面对生活。她一直不知道,自己其实背负着3岁小孩的困惑进入了成年。当意识到这一点时,她的焦虑感也一扫而空。成年后,由于苏菲有了更多可供调配的资源,她便可以多多倾听心声,寻找问题的答案。

然而,仅仅一个月后,苏菲又回来了。她气愤地向我宣布,自己又焦虑了,而且程度与之前不相上下。继续询问发现,她仍有些焦虑障碍没有排除。于是,我们又一起对此次发现的新问题进行了疏导处理。

又过了一个月,苏菲再次来找我。这次,她的情绪异常激动。显然,一切努力都付诸东流了。她说:"我又跟以前一样焦虑了。"这次，虽然我们进行了一番对话，却没能找到焦虑存在的具体原因。

　　我让苏菲细心地琢磨、扪心自问：焦虑回归究竟原因何在。沉默片刻，她回答道："如果将它们一一舍弃，我该何去何从？又会变成一个什么样的人？"秉性果然难移！显然，焦虑已经成为苏菲性格中举足轻重的一分子，一旦没有了焦虑，她连自己是谁、该怎么做都不知道了。正是担心这一点，苏菲才对焦虑难以割舍，而焦虑正是利用这一点，才得以卷土重来。

　　出现这种情况，就有必要把改变带来的好处放在突出位置加以强调了。如今，苏菲已经彻底摆脱了焦虑的困扰，尽情享受新人格带来的改变：她已经成为一个自信、上进、幸福的女人。

感受不见得让你称心如意

　　对许多人来说，深潜自身情感生活之海需要相当大的勇气，因为在那里邂逅的东西通常不会那么让我们喜出望外。不仅是那些先前不愿面对而被迫搁置的事情会让我们心生恐惧，而且我们也怕一旦深潜情感之海，那些压抑已久的感情会脱离控制，一泻而出，而对此我们束手无策，只能随波逐流，最后溺于其中。然而，即使不这么做，堆积的感受无处排解，最终也难免一触而发，将我们吞噬淹没。

　　感受的两大重要原则：

第五章 患上了情绪痉挛

原则一：当我们敞开心扉，充分表达自身的情绪体验时，不良的情绪循环便会结束。因为感受在完成使命后便会抽身而去。

原则二：倘若我们与情绪体验斗争，那它不仅循环往复，而且可能愈演愈烈。因为身体想要传达一些信息，若你充耳不闻，它便会另辟蹊径，换条路子。

如果孩提时我们曾在强烈的感受或冲突面前束手无策，由此产生的痛苦和不适不会伴随我们步入成年而自行消失，相反，它们会存储于潜意识中，尽管我们内心希望类似的事情不要再度发生。即使已经长大成人，那种因无力处理自身感受而衍生出的恐惧感也会一直徘徊于潜意识空间，我们要么想办法分散注意力，要么听之任之，让自己渐渐趋于麻木。

- 我们可能会做内隐处理。我通常将之称为"搬到阁楼"，即通过分析、比较、批评、考虑、讨论和控制使自己忘却这种感受。

- 我们也会通过五花八门的方式分散自身注意力。比如，工作、购物、喝酒、抽烟、运动、赌博，或者只是让自己忙起来。如此，先前关注的重心被新奇、令人兴奋的事情吸引，即所谓的"新奇事物综合征"。

- 我们喋喋不休地对自身感受和经历大谈特谈，而不是真正体验它们。我们寻求他人的意见，并絮絮叨叨地描述所经历的一切细枝末节。

- 我们将情绪推到一边，置之不理，或者将之埋在心底。

- 我们关闭心门，不管不问，结账走人。
- 我们创造了一个虚假的自我，一张展现给世人的面具。

面对痛苦的感受，大多数人会采用两种策略进行处理：分散注意力和听之任之。这样做能否解决问题姑且不论，分散注意力也好，无动于衷也罢，都伴随着一定的代价。可问题是，这样做值吗？

我们能够控制自身感受吗

你可能有过这样的经历，从逻辑上讲，你知道自己该如何反应。你也明白自己不必在某些事情面前畏首畏尾，也不必遇事就搬出以前的老皇历作为行动指南。然虽如此，当感受大行其道，你还是无力抗拒，只能任由其指挥调遣。

不过，只需稍加训练，便会迎来转机。如此，当感受再度来袭，你便能运筹帷幄，懂得该如何看待、解读，并付诸必要的行动。训练的第一步是获取知识，但仅靠知识还不足以掌控大局，毕竟行为并不会因获取更多的信息而改变，我们还应知道该采取什么措施进行应对，或者搞清问题的起因。有时候，知道得越多，反而越做不出什么改变。虽然大脑中负责意识与逻辑思维的那部分（显意识）想获取大量信息，以便对下一步该采取的行动和步骤了如指掌，但是执掌情绪和编程的潜意识并不想这么做。还记得前面章节提及的"大象"吗？潜意识就像一头大象，而我们就是骑在大象上的显意识。你当然可以使出看家本领让大象掉转方向，但倘若大象不想为之，也就很难如愿。而解决之法便在于，了解大象，且搞懂大象为什么要忤逆你的意愿。

所谓命运，其实就是潜意识：
99%的人不知道的母体思维

探索之旅

"消极感受"如同身体疼痛一样，都是体内某一部分释放的信号。信号的出现，说明这一部分想得到你的关注。而所谓的"惊恐发作"便是"警钟"，表明这一部分需要你去关注。此外，身体出现的各种症状相当于"信使"，随时向你汇报哪些地方出了差错。毕竟，身体无法用语言告诉你它的感受，于是便通过形形色色的信号向你大倒苦水。倘若你用工作、运动、药物、购物等方法将信号解除，其良苦用心便付诸东流了。因此，你得洞悉信号存在的原因才行。按照这个思路进行下去，你会发现正在内心发号施令的可能是一个5岁的小孩，尽管你已经老大不小了。

- 你的身体正在向你发出哪些信号？你觉得这些信号代表什么？
- 你渴望什么？
- 你需要什么？
- 最近，你的生活中发生过什么事？
- 你是否感到全身疼痛或身体紧绷？
- 是什么感受留在你的体内？
- 你最后一次公开谈论自身感受是什么时候？
- 站在他人的视角审视自己，你能看到什么？
- 为了逃避那些不想要的感受，你用何种策略分散自身注意力，又用何种策略麻痹自己？

绝地控心术

当感受浮出水面，我们便不能袖手旁观了。然而，向下压制或奋起反抗奈何不了它们，用正向肯定进行搪塞或变着法儿分散注意力也无济于事。这时，你要弄明白，情绪不会无端降临，其存在必定有原因，而你便是始作俑者。与其花时间尝试改变他人、情境或经历，倒不如深入自身情感生活，看看压制于表层之下的究竟是何种信念和感受。在充分体验过后，大多数感受都会转瞬即逝。千万不要与其分庭抗礼，否则，它们会卡在体内，让我们始终难以理解。

黑客信条 11

与情绪建立友谊

没人敢确保自己永远不会生气、难过、失望，或是自己永远不会与自己厌恶的感受狭路相逢。但我们可以确保不让这些感受去伤害任何人——哪怕这个人是我们自己。如果能与自身及自身编程达成合作，你便可以预先觉察负面感受的来临。如此，就能掌握主动权，并以最佳方式进行宣泄。

与感受建立友谊，首要诀窍在于你的觉知。当某种感受开始出现，那便让它来呗，让该感受流经身体，体验它，并记录体验到的一切，然后将这种感受描述出来。试想以下问题：这种感受带来了何种体验？它是无臭无味、虚无缥缈之物，还是真真切切的实体存在？它有颜色、形状，或是温度吗？它居于身体的哪个部位？它会移动吗？它从何而来？你能先一步识别它吗？它带来了什么？如今，已是成人的你也需要体验它吗？你可以如何改变它？

如果不想如守株待兔一般等待某种感受的降临，你大可以坐下来，闭上眼睛，将以上问题作为一种训练，好好回味一下你的感受，并将之记在笔记本上吧。当然，要想了解自身感受，还另有他法。你既可以将之分享给你的朋友，听听他们的建议，也可以寻求治疗师或心理导师的帮助。

一旦你与自身感受建立友谊，它们便没那么可怕、恐怖了。不妨将感受视作汽车仪表盘上的燃油指示器，如果不想抛锚，就得关注燃油指示器的提示信息。

黑客信条 12

按下暂停键

很少有人对控制情绪的诀窍心领神会。人们总说，要冷静，要控制自己，要放轻松，或是要停下来。然而，很少有人告诉我们，如何真正使这些行动瓜熟蒂落。我们体内发生的一切皆是生物化学反应，就连感受也概莫能外。有时，迟到5分钟，或者弄洒了咖啡，就足以扰乱我们的感受，并打乱体内的生物化学反应。一次情绪状态只能持续90秒，关于这点你是否知道呢？

没错，一旦发生某些影响情绪的事情，就会在体内触发一个时长90秒的震荡过程。这时，一种俗称"压力荷尔蒙"的皮质醇会被火速运往体内各大系统，感受的滚滚洪流也随之泛滥成灾，如此一来，我们的身体便陷入了"战备状态"。令人兴奋的是，该过程只持续90秒，之后，我们将迎来转机——可以选择自己是否在这一情绪循环中继续逗留。一方面，我们可以继续这一循环；另一方面，我们可以转移焦点，让自己踏上更为积极的行动轨道。倘若选择了后者，你便能够观察情绪，体验情绪，然后见证情绪的烟消云散。这确实令人着迷。倘若在90秒过后，你依然感到愤怒、恐惧、失望、担忧，那就需要深思一番了。审视会一次又一次蛊惑大脑，并使大脑某些部分以为真的是某种想法。当然，如果此刻你正经历刻骨铭心的伤痛，或曾有过创伤，那90秒过程便不适合你了。

此外，感受的浪潮袭来前，身体会先一步向你发出警告。不妨关注一下这几个方面。身体有何反应？脸红了吗？心跳加速了吗？双手开始颤抖了吗？有没有觉得心里咯噔了一下呢？是否感到心神不宁？研究表明，当大脑还在忙着厘清事情的来龙去脉时，身体早已先一步体验各种感受了。因此，在感受到来和掌权之前，一定要关注身体的变化，这点至关重要。想想看，不断酝酿的感受使你的身体经历了什么？于我而言，我的胸骨下方会产生震颤，随后我便会焦躁不安，来回踱步。

现在，你必须按下暂停键，拉住感受的缰绳，使身体在情绪产生的前90秒内恢复冷静。此时，最有效的方案就是将"迷走神经"激活。作为人体内最长的神经（从脑干一直延伸到肠道），迷走神经通过两条独立的神经通路，桥接起了人脑与身体一切重要器官的联系。一旦迷走神经得到激活，"战斗或逃跑"反应便能得以关闭，而且你也将重获控制权。运动、慢慢地深呼吸、按摩、冥想、洗冷水澡都可以激活迷走神经。

皮质醇（压力荷尔蒙）在体内急流勇进的90秒内，你可以尝试下列"黑客信条"。

· 慢慢地深呼吸。吸气5秒，呼气5秒。当以这种方式呼吸时，我们就为90秒过程创造了一个空间，并能更容易地贴近、理解自身感受，以便在它们掀起狂风巨浪前使之退潮散去。

· 觉知自身正经历的感受，但不要对它俯首称臣。从1数到90，然后提醒自己："我可以做出一个选择。"

· 运动。从椅子上站起来，走动走动。

· 用凉水冲洗脸部、颈部或喉咙。

· 可视化训练。想想看，你想取得何种结果，拥有何种感受？你亦可以激活所有感官，调动整个大脑参与训练。比如，看到了什么？听到了什么？感受到了什么？闻到了什么？尝到了什么？

尽可能找到适合你的方法吧！想想看，情绪发生的前90秒内，你会采取何种手段管理应激反应呢？你能识别出这种源于童年经历的应激反应吗？当前承受的压力和之前的一样吗？

然而，重要之处在于，控制好情绪的发展过程。因为一旦变得歇斯底里，你便很难控制感受了。按下暂停键，深呼吸，让感受在90秒内完成它们的使命吧！

每一个旧想法的终结都标志着一个新想法的诞生……如此循环往复。如果你在身体平息的90秒后选择迈入积极的轨道，那么用不了45秒，就能将思维转到积极的航道上来。当然，积极行动起来是事成的前提条件。好好利用这45秒，调整思维的方向，你的感受和行为也将因之而改变。当然，你也可以将第四章学到的"5秒法则"作为启动仪式，倒数5、4、3、2、1，开始吧！

黑客信条 13

5分钟小计

有时，90秒可不足以击退感受的浪潮，并使身体恢复平静。如果事态的发展背离轨道，且结果没能如你所愿，不妨给自己5分钟时间，充分体验这一切感受。抱怨、尖叫、哭泣、发泄，无论如何，让身体体验它。当然，5分钟过后，你可能仍会说："我无力改变。"发生的已然发生，且于事无补。而这种对现实的抗拒，恰恰就是痛苦的始源。

我很喜欢哲学家埃克哈特·托利的一个寓言。你驱车行驶在一条幽暗的森林公路上，车子偏偏在前不着村、后不着店的路段发生了爆胎。于是，你怒不可遏，怨天尤人，觉得生活待你不公，一脚接一脚地猛踹轮胎出气，但终究无济于事。相反，如果意识到自己无力改变当下困境，并接受现实，你便会着手寻找出路。显然，接受并不意味着非要坐在地上心如死灰，也不意味着怨天尤人，抱怨命运不公，而是洞悉现实，转而关注机会和出路。如果你能够做到后者，就算先体验一下情绪风暴也无妨。

起初，你可能觉得5分钟不够用，因为宣泄自身所有情绪需要的时间远远不止5分钟。但5分钟后，你要尽可能转移注意力，而不是对已然发生的事情紧盯不放。此时，应该想办法解决问题了。渐渐地，你便能将自身不想要的感受控制在规定的5分钟内。最终，可能仅仅需要一小段时间，你就能把所有感受一泻而出。因为此时，你已经开始接受现实了。

黑客信条 14

换个标签

在我们进行体验期间，大脑会收集身体产生的信息，并对感受加以解释，从而给一切贴上情绪的标签。这个标签的名称多着呢！担忧、恐惧、喜悦……不胜枚举。

可能很多人都未意识到，某些感受体验起来感觉相同，可我们却给它们贴上了不同的标签。设想一下，游乐园内，你正在排队坐过山车。此时，你心跳加速，情绪高昂，皮质醇水平的上升使你的身体跃跃欲试。你会给正在经历的这一感受贴上紧张、恐惧的标签，还是兴奋、期待的标签？说不定，你会贴上既恐惧又兴奋的标签吧？

当你焦虑不安（或紧张）和春风得意（或期待、兴奋）时，身体也会亦步亦趋，产生同等感受。没错，心理产生的波动会触及生理。其唯一不同之处在于，你给这一感受贴什么样的"标签"。如果可以换个标签，事态会如何呢？例如，当你惴惴不安时，可以这样想，"我很兴奋，很期待，很激动，很振奋"，加油鼓劲会让皮质醇感受到掣肘，更别提接管一切了。当你重新定义焦虑和紧张，并将之调至积极状态，前额叶皮质便能进一步发挥其首席执行官的本领。如果大脑没有被皮质醇淹没，你便可以轻而易举地看清事情的真相，去芜存菁制定有利决策，并朝着目标迈进。

60 秒速览

感受是能量运动的体现。而规避或压抑感受会消耗你的能量。

存储于体内的感受就像组成生命体的某种化学物质，我们的想法能够将之激活。

消极感受就像信使，随时向你汇报哪些地方出了差错。

压抑的情绪往往会在某个地方喷涌而出。

与情绪建立友谊。审视感受。你若理解感受，它们也就没那么吓人了。

按下暂停键。经历90秒的情绪风暴后，你可以决定自己是否停留在这一情绪循环中。

5分钟小计。一旦出现问题，不妨给自己5分钟时间来充分体验所有感受。5分钟后，开始寻找出路——如何摆脱困境呢？

换个标签。用一些积极向上，且带有强化作用的标签取代负面标签，比如锚定思维。

第六章

征服恐惧

恐惧正在缩小你的脑容量。它会让你的决定更糟糕，创意更匮乏，机会更难寻，办法更寥寥。

所谓命运，其实就是潜意识：
99% 的人不知道的母体思维

我们的感受五花八门，最常见、最让人感到压抑的，非"恐惧"莫属，像"焦虑""紧张""忧虑""不安""无助""无力"和"崩溃"都是恐惧的变体。我们害怕的事情多种多样：害怕失败，害怕未知，害怕无能为力，害怕不受欢迎，害怕被人抛弃，害怕目标缺失，甚至害怕与他人交谈，不一而足。

恐惧造成的掣肘因人而异。想想看，恐惧是如何妨碍你发展的呢？它有没有困囿你？有没有阻止你涉足新领域？有没有让你胡思乱想？有没有让你远离"某些情形"或"某些人"？

恐惧的一些特点：

· 恐惧宛如野草般蔓延。最初，我们可能只有些许恐惧。渐渐地，恐惧越积越多。直至最后，恐惧大行其道。

· 恐惧能随时间增长。当脑中满是皮质醇，问题就会被放大，恐惧肆虐，无法逾越。

· 恐惧会关闭大脑中负责理性与分析的功能。受此影响，我们可能莽撞行事、自食苦果。

· 恐惧会让脑容量缩水并扼杀我们的创造力，让机会变少，方案难寻。

· 恐惧的触发来源五花八门。你可能还记得第三章提及的塞西莉亚吧？没错，就是那个骑马的姑娘。每当她骑马经过马厩门口时，恐惧警报就会拉响。因为"门"让她想起了小时候不得安宁的家庭环境。触发恐惧的因素很多，包括某个物品、一天当中的某个时间、某

第六章 征服恐惧

种声音、某种味道，或是某个电视/电影画面……

· 恐惧背后的原因可能与表面原因风马牛不相及。大脑不喜欢"抽象"的恐惧，比如担心他人的看法，害怕无法胜任某事，或对于未知的恐惧。以我的经验，人脑似乎将恐惧变成了看得见、摸得着的东西，例如，飞机、高度，或是水。这些威胁看得见摸得着，我们也能加以规避。如此一来，大脑便认为问题已解决。此外，恐惧还可能源于大脑的"误解"，即当我们第一次因某事而心生恐惧时，大脑便对周围环境来张"快拍"，然后进行解释。虽然恐惧是真实的，但引发恐惧的原因被误判了。

我该何去何从

莎拉一度对水避之不及。对她而言，下水游泳无异于参加一场大考。她一定要双脚碰得到底，或身体紧贴着泳池边缘，要不就是有人伴其左右，才能在水中感到安全。

一股强烈的困惑席卷了莎拉，随即她说道："我不知道自己该何去何从。"通过与她交流，我了解到，莎拉早在五六岁时，就表现出与父母安于现状、随遇而安截然不同的一面，她目标明确、干劲十足。彼时，如果有人拉她一把，帮她拨云见日，指明航向，小莎拉定会在各方面获得不错的发展。然而，由于得不到大人的指点和帮助，莎拉始终难以在某一领域立足，渐渐地，她迷失了奋斗的方向。试问一下，当你和莎拉年龄相仿，且无人在一旁施以援手时，又如何发现前行之路呢？于莎拉而言，当她置身水中时，只要双脚无法触底，无论是游泳还是潜水，小时候那种无所适从、孤立无援的感受就会一触即发。显然，莎拉害怕的不是水，但水的确是引爆其内心恐惧的导火索。

一番咨询后，当莎拉再度置身水中，无论是洗澡，还是游泳，抑或潜水，都不成问题了。不仅如此，她在职场上也站稳了脚跟，大踏步走上了职业发展的光明大道。

想一想 你的恐惧是否另有原因呢？

焦虑症和惊恐发作

焦虑症和惊恐发作的始作俑者正是"恐惧"。虽然许多前来寻求帮助的客户都说，这两种问题是毫无征兆、"突然"降临的。然而，当我们深入其内心，仔细地分析，就会发现这些话根本站不住脚。事实上，焦虑症和惊恐发作不但不会无端出现，还是我们"长时间"对自身不管不问的结果。

如果一味妥协、让步于人，久而久之，我们会变得疲惫不堪、压力山大……然后，精神失常。于是便有了如下表现：担心自己无法迎接未来的挑战；垂头丧气，心烦意乱，难以入眠。或许是出于平衡能量的目的，我们每天喝的咖啡多了，人脑始终保持高贝塔波

第六章 征服恐惧

状态,生存机制也开始发挥效用。

虽然状态欠佳,但你还是强撑着度过每一天,因为这就是生活,别无选择。某天下班回家,碰巧搭乘的公交车拥挤不堪,你被卡在乘客中间,动弹不得。突然之间,你开始感觉有些不对劲——呼吸加快,心脏怦怦直跳,视野渐渐缩小。你正在经历"惊恐发作"。为了确定恐惧和压力的源头,大脑便着手对周围环境进行"快拍",并说道:"啊哈,是人群(也可能是公交车)惹的祸。"

正如第二章所述,一旦有事发生,大脑便对环境进行"快拍",并将这些图像与危险挂钩。潜意识一旦捕捉到这些信息,便不会坐视不管。它会马上行动起来,让各部分提高警惕,以免再度陷入此类险境。不幸的是,大脑在分析时犯了个错误,即导致惊恐发作的原因不是"人群",也不是"公交车",而是你近期(甚至可能是长达数年)承受的所有压力。换言之,压抑已久的"压力""担忧"和"愤怒"积聚而成一枚"定时炸弹",该"炸弹"碰巧在公交车上爆炸了。

此刻,"滚雪球效应"开始了。你开始惴惴不安,生怕惊恐发作会在某个瞬间到来。而身体也自作主张,表现出相应的症状——不敢搭乘公交车,不愿与人会面,害怕出门旅行。属于你的世界正在缩小。为了对抗焦虑,你开始服药,可仍旧对公交车或人群避之不及。随后,你转而求助于心理治疗师,试图找出恐惧之源。庆幸的是,心理治疗会有些效果,能帮你稍稍控制一下情绪,却无法让你摆脱那种不适感。为转移注意力，你开始借酒消愁、暴饮暴食，可焦虑依旧阴魂不散。伴随恐惧的荒草肆意生长，你感到生活危机四伏。

解决之法在于，找到压力的始作俑者——想法、感受、习惯、行为。这时，有必要放慢脚步，关注己身（关于这点，我将在第八章进行详述）。起初，你会觉得很难慢下来，毕竟身体不愿意与情绪正面交锋，你也可能会焦躁不安，甚至觉得"解套"无望。千万不要放弃。相反，你要加强训练，还要勇于直面复杂的情绪，在解决问题的同时，也要让身体最终相信：你完全有能力化解一切问题。

我们害怕失控

在与客户打交道期间，我有一个重要发现，即所有的"恐惧"都指向一个原因：失控。当人们失去控制，或感觉到有可能失去控制时，就会产生恐惧。其实，争取"控制权"是人类的自然欲望，因为我们可以从中获得满足感和安全感，知道自己何去何从，能够达成什么目标。心理学界普遍认为，控制有两种类型："内控"与"外控"。研究表明，"内控"之人更加快乐，因为他们可以通过控制自己以及自己的情绪和生活，进而影响结果。相反，"外控"之人，总是想方设法去掌控身外之物，包括他人、财产，以及所处环

第六章 征服恐惧

境，结果通常以失败告终。因此，我们要端正认识，控制那些有能力控制的。因为唯有自控之人，才能控制自己的感情、感受、结果以及生活，并从中收获满满的安全感和力量感。

我们渴望运筹帷幄、胸有成竹，但这一想法有个缺点，即我们会竭力回避那些让我们感到危险、紧张或害怕的"某些人"或"某些情形"。然而，如果面对"挑战""机遇""他人"，却不敢发声或索性甘心做个逃兵，又何谈"控制感"呢？因为如此一番比拼下来，结局必定是恐惧大胜。要想一雪前耻，获得真正的"控制感"，我们就要直面恐惧。

通常而言，害怕失控的感受要归咎于孩提时代的经历。因为小孩子解决问题的能力有限，对于自身无法控制的情况，常常就会感到恐惧。试想，小孩子有能力控制爸爸的雷霆之怒吗？有能力阻止父母劳燕分飞吗？有能力让自己心仪的球队垂青自己吗？鉴于失控是一件可怕之事，小孩子便想出一个办法加以应对：逃避。试问，你小时候使用过哪些策略以逃避恐惧？这些策略中，有多少伴随你进入成年呢？你比过去话少吗？有没有做过什么招来别人一顿耻笑的事？出现这种情况，你会选择逃离吗？你在努力让自己日趋完美吗？每当旧时的恐惧感袭来，小时候安装的旧"母体"便会激活，让你不假思索地做出某种反应。注意，那些所谓的"重大创伤"并不是导致我们失控或感觉惨败的必要条件，认识到这一点很重要。毕竟，在小孩子眼中，任何自己不确定或无法应对的事都是惊天大事。

所谓命运，其实就是潜意识：
99% 的人不知道的母体思维

> 不不不……

雷娜塔对自身能力不够自信，遇事从不敢自己拍板。幼年时期，雷娜塔是个害羞的小女孩，根据其自我描述，她的童年过得还是"相当不错"的。为了找到让雷娜塔不自信、不敢做自己的根源，我们引导她回溯过往，看看究竟是哪些事情影响了其探索力。雷娜塔一下子便想起自己2岁时坐在地板上摆弄玩具的情景。那时，地上那堆玩具对她来说已无新鲜感，百无聊赖之际，雷娜塔朝厨房走去。她恰好看到和煦的阳光穿过窗户照了进来。雷娜塔被眼前的景象迷住了，她踩着椅子，爬上桌子，想要一探究竟。就在这时，妈妈发现了站在桌子上的雷娜塔，赶紧跑过来，同时喊道："不、不、不……"并将她从桌子上抱了下来——不可否认，妈妈的反应相当正常。毕竟，不去制止的话，很有可能会发生危险。但雷娜塔又是怎么解读的呢？

雷娜塔清楚地记得，小时候，每当自己想要爬上爬下、东摸西摸、看看时，妈妈就会抛出那几句口头禅"不、不、不"以及"停下来、小心、当心、慢点儿"。在妈妈的制止声中，她渐渐失去了探索世界的好奇感。她意识到，自己有一条需要遵守的规则、底线：必须得到大人的批准才能尝试新事物。她觉得自己不具备对新状况进行评估的能力，也不相信自己能够将之搞定。即便成年后，雷娜塔依然习惯于向他人寻求建议。在她看来，行动前最好问问别人的意见，因为别人似乎懂得更多。

拉响警报

当我们碰到一些自己害怕去做或不喜欢去做的事情时，身体便会拉响警报，因为身体的反应远远领先于头脑。那么，身体是如何反应的呢？想一想，你感到害怕时，是个什么状态呢？脸会红吗？感觉冷还是热？觉得反胃吗？心跳是否加速？双手是否打战？有没有觉得心里咯噔一下？是否坐立不安、心神不宁？

躯体的感觉可能是危险来临的警报，最好的做法就是静观其变，以逸待劳。因此，身体试图让你放慢脚步，以免陷入险境。如果你曾因大声说话而被刚下班回家的爸爸训斥一通，那么当你上班时，听到上司从公司门口进入，你的心也会不由自主地咯噔一下。或者，你在学校当众发言时，听到班级同学在底下咯咯直笑，那么工作后，每次公开讲话，你的脸颊都会涨得通红。身体会记住我们经历的危险，并把这些情况储存起来，以备来日之需。成年后，碰到与记忆中相似的让你失控或受挫的人或事，幼年那套反应会一下子冒出来。你的大脑还是会喊道："危险！赶快隐蔽！住手！"

自动驾驶模式启动

当警报响起，身体出现反应时，自动驾驶模式便启动了，即自动选择曾经用过的策略。或许，你开始犹豫，并想尽各种办法将现在就需要着手做的事情一推再推。或许，你很害怕当着某些人的面发言，也害怕他们会对你评头论足，于是，你三缄其口，不发表任何观点。或许，你担心要做的事情会出什么差错，于是不放过每个细枝末节，检查了再检查，力求万无一失。即使你已成年，可潜意识做出的解读仍与小时候的如出一辙。受此影响，当恐惧来袭，你往往会选择和儿时一模一样的应对策略，如躲避、逃跑、犹豫、忧思过虑，或者沉默、愤怒、冷漠……这些策略可以让你一时掌控局面，但无法让你真正掌控人生。有了恐惧的寸步不离，那些梦寐以求的机遇都会退避三舍了。

恐惧使你噤若寒蝉

想想看，你现在仍在重复小时候的哪些策略呢？你越是留心这些策略，就越容易对其驾轻就熟。以下是我们控制恐惧的一些常见策略（即所谓的"借口"）。

（1）我得想想

思考不代表行动。诚然，思考会让你觉得自己正在解决问题，但实际上，你什么都没做。因为你只不过将一些想法在大脑里来来回回地过了一遍，从而想出成千上万个不同的结果或策略来麻痹自己。要知道，思考越多，精力消耗就越多，到最后让你精疲力竭，

第六章 征服恐惧

你反而无力采取行动了。倘若出现什么变化，意味着你要踏上一个未知的新地，这会让你心生恐惧。人类具有消除恐惧的本能，那就是停止行动，投身思考。我该怎么办？怎样才能搞定？万一没用怎么办？换个策略，结果会如何？只思考不行动的确可以让你感觉安全了很多，但这跟一个短跑选手被卡在起跑线上没什么区别。如此，你便永远不必冒风险，也不必担心会失败。对你而言，思考问题比付诸行动更加安全。于是，你便有了一种"虚假"的控制感。

（2）我不行

"我不行"可谓耳熟能详，人们如此青睐这句话，其实是有很多原因的。正如雷娜塔的例子一样，家长的焦虑无形之中会制约孩子的发展。不少成年人就秉持小时候的信念不放——自己什么事都做不来。受其鼓动，当问题来临时，他们既没有招架之心，又无还手之力。心理学将该现象叫作"习得性无助"。其成因在于，儿时遇到问题时产生的无助感一直滞留体内，且成年后仍在发挥作用。对自己过于苛刻是"我不行"的另一种表现形式。在评价自己或对自己付出的努力进行评判时，我们总会过分吹毛求疵。这样，才可能从遭到批评的恐惧中赢得些许"掌控权"。如果对自己狠一点，不仅能让控制感压过痛苦感，此后，哪怕有人真的对我们横加指责，痛苦也会减少些，毕竟我们已经做过自我批评了。

除此之外，"我不行"也可以视为一种免于担责的策略。正如在艾莎（第三章）的例子里提到的，感到害怕时，只要说"我不行"，大家便出手相助。因此很多时候，艾莎就可以避开那些自己不敢尝试的事情。当时，艾莎可能感觉良好，但她永远体会不到自己搞定一切的喜悦与骄傲。这对我们而言，亦是如此。

（3）事已至此

有时，对于事情成与不成，我们似乎早已"洞若观火"。一方面，我们经历过；另一方面，我们自以为无所不知。但这种自以为是，感觉一切"尽在掌控之中"的心态，会让我们无缘那些新机会、新机遇。

（4）一切都好

由于不敢直面真相，我们便说："一切都好，没那么危险，没关系，我没事，一切正常。"殊不知，这一切都是为了回避真相，以维护我们心中的那个"错觉"。明知有些人或事对我们不利，我们仍然照单全收，因为我们担心，如若不这么做，就没有足够的能力应对由此产生的后果或问题。

（5）我不在乎

许多人用漠不关心的态度掩饰自己内心的恐惧。他们会表现得云淡风轻，对什么事情都不热衷。但真正的原因是，他们害怕事情会出什么差错，自己因此被人说三道四。由于这种担心过于强大，他们就会找出一堆做这件事的弊端，力证此事不会成功。

（6）一定要完美

人们规避恐惧、获得控制权的另一种方法是提前做计划，确保一切完美运行。人们追求完美，因其可以使自己免受批评指责。然而，完美主义会让我们深陷其中、无法脱身，最终筋疲力尽、苦不堪言。由于担心不够优秀、不够完美，我们就想走好每一步，事无巨细，力求让每个细节都无可挑剔、尽善尽美，最终反而一事无成。因为永远达不到自己想要的完美，也就永远无法采取行动。一旦陷入"完美主义"的陷阱，我们便会对所有事情一丝不苟。此番下来，自身也好，所处环境也罢，必定会乱成一锅粥。

（7）一定要好看

这与"完美主义"如出一辙，即我们必须成为他人眼中完美无缺的"女神"或"骑士"。于是，我们将自己的价值与在他人心目中的印象牢牢绑定在一起，执拗地拒绝一切有可能让我们看上去不完美或自毁形象的事情。由于极端在乎别人的评价，我们不惜以牺牲自身需求为代价，拼尽全力，也要将自己粉饰得人见人爱、花见花开！

（8）我怕出错

表面看起来是害怕"出错"，实质上是担心被责罚、被拒绝、被评判，或是被嘲笑。害怕出错之人常用的策略或是通过少发声、不张扬来避免别人关注自己，或是练就一身讨好他人的本领，让大家喜欢自己。其内在逻辑是：如果我不引起别人的注意，大家就不会关注我，出现什么错误也不会责罚我；如果我让每个人都开开心心，人们便会接纳我。这是"社交变色龙"的一种典型行为，即为适应周围环境不断变身。拥有变色龙特征的人极其善于察言观色，懂得在任何情况下做出必要的改变，以维持所处环境的平和。

社交变色龙

罗尼总是一味迁就他人，且不敢当众发表意见。这让他苦不堪言，于是，他找到了我。在他看来，他人如何看待自己，以及自己是否言行得当是头等大事。这期间，罗尼回忆起5岁时的经历。那时，小罗尼想要帮忙干家务，于是他按下了吸尘器的开关，不料爸爸却大为恼火。"吸尘器是玩具吗？把家具和地板弄坏了怎么办？"爸爸训斥道。罗尼回忆，每当自己做错什么事，爸爸就对他吹胡子瞪眼地责骂一通。由于那时罗尼年纪尚小，无法预测爸爸会在何时突然"变脸"，所以在他看来，最好的办法就是，不说话、小心行事。于是，为了不招惹爸爸，小罗尼将"凡事切勿小题大做""务必察言观色"（尤其是观察爸爸的心情如何）当成行动指南。久而久之，罗尼俨然变成了一位专家，不仅善于解读周围的社交环境，还积极寻找应对之策，让自己在一切境况下都能左右逢源。无论在何种社交场合下，他绝不主动出牌，俨然成了一条"社交变色龙"。罗尼小时候为了规避批评而形成的编程，直到成年以后仍在发挥作用。其实对罗尼而言，

第六章 征服恐惧

要想改变也不难，他只需要无惧周围环境会发生什么，勇于表达自己的意见，所有问题便迎刃而解。

由于害怕出错，即使有什么想法，我们也会选择"闭口不言"或"无所行动"，心甘情愿做个社会隐形人。然而，随着时间的推移，越来越多的事件相互叠加，终有一天会突破控制，将我们的一切愤怒、恐慌、焦虑等展露无遗。

此时，你需要明白，为了生存，你可能已经成为一只"变色龙"或是一个"讨人喜欢"的人。认识到这点至关重要。因为处于此类情形中，你的所作所为已经不能解释为"人格特质"或"对爱的渴求"，而变成一种"生存本能"，即一种为适应你所处的环境而量身打造的安全保护措施，以确保你安然无恙。如果你的情况与此相符，建议寻求专业人士的帮助。

（9）我怕失败

通常而言，我们对失败的恐惧源于"黑白思维"和"全有或全无思维"。也就是说，我们以绝对、非黑即白的方式看待世界——我要么聪明，要么笨；要么善良，要么邪恶；要么勇敢，要么懦弱。这便是美国女性心理学家卡罗尔·德韦克宣称的"固定型思维模式"。简而言之，我们认为自身能力是"固定"的：要么具备一定的品质或技能，要么一无是处。我们必须不断证明自己头脑聪明或才华横溢。而失败与挫折等同，二者都是我们脑袋不灵光，或是没有任何天赋的表现。例如，如果某次考试考砸了，我们便觉得自己不聪明。虽然可能认为自己有那么一点本领，但如若有一天遭遇失败，我们马上便会一蹶不起。一旦"固定型思维模式"大行其道，我们便不再相信自己会有任何改变、发展或进步的可能，于是便萌生出"我就这样"的想法。

多年以来，我一直认为自己是个运动白痴，且这一想法也通过同学们的实际行动间接地获得了证实。比如组织球类比赛时，除非无人可选，否则他们是绝对不会考虑我的。体育老师也告诉我，我需要加倍努力。但到头来，哪怕我竭尽全力，还是一个球也接不到。

几年前的一次假日旅行，我入住的酒店给房客们安排了网球课程。我决定报名一试，看看自己是否真的没有运动细胞。打了一个小时后，我从网球教练那儿亲耳听见"打得确实不错""只要稍加练习，便能更加精进"。从那以后，我便开始打网球了，自信也随之归位。现在，我已经打得相当不错！接到的球远远多于接不到的。

当头脑中出现"固定型思维模式"，我们会努力锁定触手可及之物，以谋求安全落地。一旦遇上过于巨大的挑战，且感觉到以自己的"聪明"或"才智"绝无胜出之可能时，我们便兴趣全无。我们深信："成功"说明你本身就高人一等，"失败"能帮助你认清自我，而"努力"则是那些仅凭天赋难以有所建树之人的专属。如果我们头脑聪明、才华横溢，不必十分努力也能成功。正因如此，我

第六章 征服恐惧

们生怕自己大脑不够灵光、做事功败垂成，于是便停止挑战自我。因为我们笃信，足够聪明的人根本不会犯错。我们只想要百分之百的成功。毕竟，天生我材必有用，是金子总会发光的！持有这一心态的人很快就会放弃挣扎、缴械投降，因其或觉得自己天资不够，或觉得目标遥不可及。究其本质，就是觉得自己不是那块料。

与其为恐惧所控，我们不如投入"成长型思维模式"的怀抱——挑战自我，学习新知识，收获成长。持有这一思维模式，我们便明白：唯有"努力"方能造就我们的"聪明才智"和"才华横溢"，唯有"努力"方能真正实现心之所向。当然，有时，我们还必须"发奋"努力。如此一来，遇到难题时，我们会将之归因于自身努力不足，而不是能力不够。成功也就成为我们不遗余力、努力拼搏的结果。此谓一分耕耘一分收获，"努力"就是那个熠熠生辉的所在。

拳击手穆罕默德·阿里是诠释"后天型"选手的生动案例。正是得益于其"成长型思维模式"，阿里才问鼎拳王宝座。多年来，拳击专家们以特定身体部位的尺寸为标准，衡量天赋型拳手，包括指关节尺寸、出拳范围、胸围和体重。在专家眼中，阿里并不是一个拳击天才。虽然他出拳速度惊人，却不具备真正大块头拳击手的身体素质。阿里没有超乎常人的力量，缺乏吸睛的招牌动作，其拳击套路也根本入不了业内人士的法眼。相反，阿里的对手桑尼·利斯顿却是个天赋异禀的"先天型"选手。他具备优秀拳击手的一切特征——身材、力量、经验。从理论上讲，阿里不可能战胜利斯顿，但其"思维模式"让他在拳台上所向披靡。他不仅摸透了利斯顿的出拳套路，而且还对利斯顿的人格特质了然于胸。但凡涉及利斯顿的文字描述，阿里都读了个遍。不仅如此，他还通过与认识利斯顿的人攀谈，在大脑中将零碎的细节拼成一幅利斯顿思考和工作的图景。这些都成为阿里后来应对利斯顿的法宝。比赛开始前，阿里时时处处都表现得相当疯狂，其目的，就是向利斯顿展示自己无所不能、分分钟就能把对手击垮，如此一来，利斯顿就会只注意其妄自尊大、口出狂言的一面，而这正中阿里下怀。接下来，阿里就可以使出制胜一击，将对手击倒在地。凭借对学习和提升的满腔热情，阿里成了赢家。这一次，"努力"胜过了"天赋"。

所以，给自己点赞吧！为自身迎接挑战所做出的"努力"点赞，比如所付出的耐力、决心和韧性。先别急着为自己的"固定型思维模式"感到垂头丧气，因为不同场合和情形下，"固定型思维模式"和"成长型思维模式"是可以互相转换的。能意识到这点也不失为幸事一件。毕竟，成功的方法从来就不是完全"静态"的，当然也不是完全"动态"的。

（10）我正要……

我们时刻准备拥抱安全。由于秉持"拖得越久，就越安全"的信念，我们便常常用拖延静候安全。当然，在此期间，我们也为自己找了不少其他的事情做，以使"拖延"顺理成章。可问题在于，拖得越久，我们内心就越发忐忑，对于自己能否最终等到那个"恰

第六章 征服恐惧

当"的时机心生疑窦。倘若期间有什么大事发生，更会让我们张皇失措。因为需要做的事情很多，无形中也增加了其中的变数。于是，"恐惧"降临了。为分散对于恐惧的关注，我们开始让自己忙于一些无关痛痒之事——回回邮件，打打电话，洗洗碗筷，跑跑腿，或是刷刷手机。注意力一经分散，我们就会觉得事已至此怪不得自己，要怪就怪目标过于远大、事项过于繁复。我们看到的是重重障碍，而不是千载难逢的机遇，虽绞尽脑汁、思来想去，终不得其解。最后，当问题如雪崩般袭来，我们顾此失彼，疲于应对，系统崩盘。

（11）这样更实际……

许多人都将"恐惧"甩锅给"实际"。于是，便有了以下内心独白：现在的这份工作更符合我的"实际"情况；从当前"实际"来看，现在还不适合去深造，要不明年再说吧；等孩子大一点再说吧。然而，导致我们一拖再拖的真相却是，我们害怕踏入未知的新领域。我所欲也，恢宏而高远；若要得之，难于上青天。既如此，不如就在"实际"的温柔乡中躺平吧。

（12）我有太多事要做

一旦我们逃离恐惧、规避恐惧，人脑便积极地献计献策。殊不知，让自己忙得焦头烂额也是规避恐惧的一种表现！一旦事事都需要我们操心操办，说明我们活得其所，无须做出改变。况且，我们

所谓命运，其实就是潜意识:
99% 的人不知道的母体思维

　　也没那个工夫。可是，一旦我们放慢脚步，恐惧就会追上我们，开始纠缠。因为放慢脚步意味着直面自我，袒露内心的不安。此时，我们需要做的是洞悉事件背后的真相，或是自省吾身，袒露心灵深处的真我。二者当然都可能引发不适。鉴于不敢停下来直面现状，不如不管不顾潜入生活之海，醉心各种琐事，比如，回复一下电子邮件、查看一下社交媒体，或是看看电视追追剧。问题在于，虽然我们忙得不可开交，却总觉得一事无成。这为"空虚"和"不满"提供了绝佳的温床。

　　总而言之，一旦"恐惧"来袭，一大堆的办法会协助我们逃之避之。这些办法会自动开启，无须我们劳神费力。但是，我们不能总当"逃兵"，是时候重掌大局，征服恐惧了！

探索之旅

请用点时间，在日记里写下这些问题的答案：

· 你恐惧什么，担心什么，紧张什么？你是否感到无助、无力、缺乏安全感，或是不知所措？

· 当恐惧来袭，你的身体会有何种表现？

· 恐惧是如何让你停滞不前、不敢发声的？

· 恐惧来临时，你会选用何种策略？

· 一旦忙起来便无暇理会恐惧。想想看，你不停地忙碌，是为了规避什么？

· 哪些童年时期的恐惧应对策略，一直到成年，你还在使用？

· 童年时期，有哪些事情让你感到彷徨无助？

· 小时候，你曾因为什么事情而挨批吗？

绝地控心术

虽然，冥想、正向锚定思维、"沙里淘金"、设定目标和借用外力等策略可以助我们一臂之力，但我们终究还是无法避免与恐惧、紧张、忧虑狭路相逢。作为"人类阅历"的一部分，"恐惧"会永远盘踞我们心中一隅，我们虽不能将之彻底清空，却可以对其活动范围予以控制，正视它的存在，并试着与之和谐共处。要想控制恐惧，仅靠"积极思维"还不够，我们还需要控制自身的"心理战"。因为长期以来，我们总以某种特定的策略应对恐惧，天长日久，这一策略就会成为一种习惯。而习惯一旦形成，便会关掉理智处理的开关，开启"自动驾驶模式"。

要将恐惧置于控制之下，就应从你不愿说话、要发脾气或意欲逃避的那一刻做起。你想让这些策略保护自己，以便让你感到貌似"控制权"在握。但实际上，你这样做等于主动放弃了"控制权"。成年后，仍然沿用小时候那一套，既无益于发挥自身潜能，也无助于解决问题，更不会让你迈步向前。因为那些孩提时代能够拉你一把、护你周全的策略，已然换了一副脸色，将你死死控制，让你一事无成。

黑客信条 15

放慢脚步

恐惧往往会导致思虑过重。"怎么生活？""如何解决出现的问题？"各种各样的想法一拥而来，将我们团团包围，我们反而更难以静下心来思考解决方案，亦无可能发现新机遇。而"放慢脚步"便是控制恐惧的无上妙法。一旦放慢脚步，我们的大脑决策中心，

第六章 征服恐惧

也就是前额叶皮质，会快速投入工作，将问题抽丝剥茧、化整为零。

如果我们因无力招架，或是无法得偿所愿而心生恐惧，便会压力山大，无论做什么事都心不在焉。处于这一状态，我们根本无心体验当下，而是行色匆匆，凡事蜻蜓点水、一掠而过。当我们一直将"没空"（这话我已说了无数次）挂在嘴边时，它终将会变成事实。由于大脑总是患得患失，从不采取任何"具体行动"，总有一天，压力、恐惧和担忧会将我们的时间吃干抹净，并将我们的能量消耗殆尽。不仅如此，长期处于"恐惧"和"担忧"的边缘，也会为我们的神经系统带来毁灭性损害。

放慢脚步，你才能听到那些"内心对话"。你的思维模式是"固定型"还是"成长型"？面临挑战、尝试未知，或是惨遭失败时，你会对自己说些什么呢？

我就这样……

我很不擅长……

我不行……

我没有天赋……

我毫无用处……

此类对话的出现意味着，你正受到"固定型思维模式"的影响。此刻，你需要努力将之转换为更加积极向上、具有建设性的思维模式。而"成长型思维模式"恰好满足这一需求，因其能让你明白,唯有"努力"方能成就你的"聪明才智"和"才华横溢"。你需要给自己的努力点赞,正是因为你努力了,才让自己得以自由地驰骋。一切都是努力的结果!

诚然,放慢脚步的方式多如繁星。譬如说,冥想、置身大自然、洗澡、阅读、跑步、游戏、烹饪等,都能够放松身心。总之,任何能助你茅塞顿开的方法都值得一试。第八章将为你提供更多"放慢脚步"的黑客信条。

黑客信条 16

敢拼才会赢

放慢脚步,留意一下自己在哪些情况下表现欠佳。在这一过程中,请善待自己,因为那些策略的初衷是予你保护、让你安全的。时至今日,虽然有些策略仍能隔三岔五地在你的生活中刷刷存在感,但已对你追求健康向上的生活有损无益。现在就需要你肩负起改弦易辙的责任了。因为一旦身体感知到我们将要克服恐惧,打破困囿我们已久的枷锁,便会自然而然打起退堂鼓。由于,"身体反应"编码于"神经系统",该系统会向身体发出警告,并鼓励我们逃跑。不仅如此,潜意识也会向我们发出"危险可能降临"的警告。此时此刻,你要根据第五章所学的内容,按下暂停键,并保持90秒,静待这场情绪风暴平息。或者,采用第四章提及的"5秒法则",即默念5、4、3、2、1,走起。记住,被大脑控制之前,你只有5秒的行动时间,所以务必严阵以待。因为身体能使出各种招数对改变进行围追堵截。

要想重置身体反应,唯一的方式便是,直面恐惧:你何时会出现恐惧反应?在你做出反应的同时,身体是如何反应的?你用了何种策略?搞清楚这些问题背后的心理机制,你就有望改变局面,重获控制权。没有必要非得等到勇气就位再行动。因为直面恐惧的能力是可以锻炼的,就像锻炼肌肉一样,不需要勇气的助力。虽然我们经常把"不行"挂在嘴边,但实际情况并不是"不行",而是"不想"或"不敢"。直面恐惧是项艰巨的任务,如果我们选择了逃避,那么就意味着一辈子都要生活在它的阴霾之下,因为恐惧才不会主动地从我们的生活中自动地消失呢!要想战胜恐惧,要敢拼、敢闯。如此,不如奋力一搏吧,搏出我们的精彩人生。

写一个清单,上面列出你因恐惧而打退堂鼓的所有事情。然后,从中选出一件事,搞定它。我坚信,你能行!

黑客信条 17

更换策略

要想克服恐惧,就得扔掉那些鼓励你逃避的"旧策略",启用助你获得真正控制权的"新策略"。准备一个清单,在上面列出你

所谓命运，其实就是潜意识：
99% 的人不知道的母体思维

当前应对恐惧时使用的策略及打算更换的策略。考虑新策略时，以下常规建议可以助你一臂之力。提示一下：确保你的新策略贴近现实，并包括具体细节哦！

旧策略	新策略
我不做/发声。	我打算说出我的想法。
我瞻前顾后、想三想四。	我打算做一些实事。
我把事情往后推迟。	我打算搭建乐高（参见黑客信条18）。
我说"我不行"。	我要找出真相，并学会如何去……
我购置新物品。	我要扔掉、捐出或卖掉一样东西。
我选择最简单的方法。	我要根据好奇心做选择。
我做独行侠。	我打算跟个朋友联系一下。
我表现得像个小丑（讨好他人）。	我也要展示严肃认真的一面。
我不知所措，无所事事。	我要花5分钟做一些小事。

黑客信条 18

"搭建乐高积木"

很多人强调要"志存高远""目标远大"。以我个人经验来看，宏伟目标执行起来犹如攀登"珠穆朗玛峰"，容易让人望而却步。有时，我也会被我的"雄心壮志"折磨得精疲力竭，因为不管怎么努力，我始终看不到成功的希望。后来我意识到，制定目标不能好高骛远，不妨像玩乐高积木一样，将大目标分解成一个个容易实现的小目标，从小到大，聚沙成塔。这种将目标分解为乐高积木的高明之处在于，可以把心思都放在"搭建"上——花时间思考并感受是否每块积木都搭在了恰当的位置。如果发现不合适，也没关系，大不了换一块。经过一小段时间，就能搭出个雏形来。有时，我甚至不确定眼前呈现的景象是否像我最初规划的那样，因为在这个过程中，我的目标变了，变得更高大上了。不妨举个例子吧。

很多年前，我十分渴望从事公关工作，于是日思夜想，希冀在该领域谋个职位。然而，当我如愿以偿得到了这份工作，却突然发现跟我预期的大相径庭，不仅如此，我甚至还挺讨厌这份工作。

设定目标不是件容易的事，因其往往代表了我们意欲成就的目标心理架构。然而，立下的目标就真的是我们梦寐以求、渴望实现的终极理想吗？要知道，只关注一个特定目标，是有一定风险的，因为我们可能真的就将它视为我们要为之奋斗的目标了（其实，也有可能不是）。然后，我们目不斜视、心如止水地朝着这一目标奋进，即便出现其他更好的机会，也有可能觉察不到，只能与之擦肩而过。如果将大目标分解成一个个像乐高积木一样的小目标，我们就拥有了试错的机会，即如果感觉某个小目标不合适，可以予以调整，通过调整一个个小目标，我们还可以进一步对大目标进行校准，确保其真正适合我们。如此，省时、省力，更有效率，还比较容易对前进的方向进行调整，因为我们不必非要一路走到终点，才发现自己原来找错了地方。诚然，更加完美的是，在有远大目标的

所谓命运，其实就是潜意识：
99% 的人不知道的母体思维

同时，还能控制迈出的每一小步。除此之外，探索的过程最让人心潮澎湃。毕竟，成长本身就是件很有趣的事。

要成长，但不一定非得去跳槽。你可以尝试一些未知领域，体验其中的新鲜感和刺激感。从小处着眼进行改变，一件一件地来。开始你的探索之路吧！以下问题可以助你抵达终点：

- 要让你的生活焕然一新、激情澎湃，还缺少哪些积木？
- 要让你的生活更上一层楼，应该去掉哪一块积木？
- 要实现你心中的目标，应该从哪些积木开始做起，打个电话，将自己从忙碌中解脱出来，搜索更多信息，还是报名参加一个课程呢？
- 你如何确定将新积木搭在了适当位置？比如保持健康就不是积木块，而是最终目标；积木块代表着具体的做法，如上健身课。
- 对你而言，放置新积木时最大的障碍是什么？如果积木太大，不妨拆解后再放哦！
- 你每天可以做些什么实事来实现目标呢？不妨先从每天都可以实现的小目标开始吧！
- 如何才能记住每日的乐高积木，设置手机闹钟，张贴便利贴，还是记笔记呢？

现在，制订一个"搭建乐高积木"的计划吧！

第六章 征服恐惧

黑客信条 19

列出你最喜欢的借口

遇到应该做但你又不想做的事情，你会找什么借口呢？常见借口如下：

我太累了	我得想想	我没空
要是……怎么办	我不行	根本不可能
我缺乏勇气/毅力	我身体不舒服	有点大大超出我的能力
现在还不是时候	我必须先……	没什么大不了的
我不知道怎么办	这很无聊	我没钱

请坦诚面对你的借口。

- 你真想实现你确立的目标吗？这个目标对你重要吗？或者，这一目标是你的首选吗？如果不是你的首选，就别忙着道歉了，立即改变方向，将注意力转移到其他事情上去吧！

- 虽然这个目标是你的首选，但是你害怕改变，或者很难迈出第一步。不妨选择一个每天都能实现的小目标，并以此助推大目标的实现。选择一个15分钟内便能完成的乐高积木吧！

黑客信条 20

认可成功

与"高效能人士"打交道时，我发现，他们中为数不少的人都对"满意"一词心生恐惧。因为他们认为，满意意味着自己可以坐下休息，不必再追求新目标了。诚然，担心自己做得不够，的确会催人奋进，继而取得一个又一个的胜利。然而，我们大可以安于现状，为自己取得的成绩而骄傲，与此同时，继续前进，奔赴更加美好的明天。注意，这可不是一个"非此即彼"的问题。你完全可以开开心心地努力拼搏。那么，如果将"满意"替换为"满足"，情况会如何呢？在我看来，会大不相同，因为满足听起来更令人愉悦、欣慰。

创建一个"已做事项清单"（与"待办事项清单"相反），将白天达成的每个小成就都记下来。或者，写日记，将自己每天感到"满意"或"满足"的事情记录下来。当然，你也可以想想看，自己取得了哪些引以为傲的成就？小事情也算哦！比如按时起床，坚持"晨间例事"，处理当天的工作或应对挑战。久而久之，"满意"可以衍生出"满足感"，而"满足感"又可以激励你奋发图强，力争在新的领域收获"满意"。此外，还要对自己的成绩感到骄傲，你可能不知道吧？体内的自豪感还是对抗"内在批评家"和"完美主义者"的一剂良方呢。

第六章 征服恐惧

如果从未对自己所做之事感到"满意",那么,你极有可能患上了"冒名顶替综合征"。美国作家、民权活动家玛雅·安吉罗[1]和物理学家阿尔伯特·爱因斯坦都是这一病征的受害者。其病理特征是,总害怕别人会把自己当成徒有虚名之辈("冒牌货")。一旦我们患有冒名顶替综合征,就会认为自己不配享有成功人士这一头衔,不觉得自己的想法或本事有什么特别之处,且总对自己所做之事感到"不满意"。我们感觉自己与他人并没什么不同,自己能做的别人一样能做,没什么过人之处,不值得别人赞美或关注。我们常常忘了,自己为了变得更好付出了多少努力;对自己千辛万苦做出的改变和取得的成就视而不见,却一心只盯着那些"未完成"或"未实现"的事项不放。是时候正视自身做出的改变,认可自己的努力了。人不能总活在过去的世界和自己所犯的错误里,专注当下的自己才是要紧之事。现在,快点把你能做之事写下来吧!看看,哪些事项表明你已经小有成就了呢?然后,为自己取得的成就拍手称赞吧!

如果,仅动动小指头便能让愿望得以实现,估计你也会觉得自己是个"冒牌货"。我的客户约翰(一个年轻的小伙子)便受困于这种想法。他总觉得自己没本事,也不够优秀。约翰会这么想情有

---

[1] 玛雅·安吉罗,一位非裔美国作家和诗人。她曾为许多戏剧、电影和电视节目跨界当过编剧,其写作生涯超过50年。——译者注

可原，因为他的工作是爸爸给安排的，公寓是爸爸给买的，就连平时的开销还得靠爸爸贴补。约翰觉得目前的生活都不是自己奋斗得来的，认为自己走了捷径，因此也就没有什么"成就感"。如果你觉得自己正在不劳而获，那么请培养自己的"成长型思维模式"吧！投身那些你认为重要的事情，并努力地做好。当你为自身努力而倍感骄傲时，就能快步地走出"冒牌货"的阴影。

黑客信条 21

培养成长型思维模式

你知道吗？强大的自信不是"成长型思维模式"的必要条件。哪怕你觉得自己没有一技之长，仍旧不妨碍全身心投入到该模式的培养上来。下列黑客信条可以襄助你养成"成长型思维模式"。

- 当感觉任务艰巨，自己身心俱疲或兴趣索然，且遭受"固定型思维模式"的侵袭时，不要总想着分散注意力或放弃，要勇敢接受挑战。

- 多同那些挑战你新思路的人为伍。

- 你有没有失败过？从中学会了什么？如何从中成长？

- 有没有你不擅长，却一直想一试究竟的事情？动手一试吧。

第六章 征服恐惧

·不要光盯着结果,要看到你付出的努力同时认可这种努力。最重要的是,行动起来!

60 秒速览

恐惧会关闭人脑中负责思考的部分，使脑容量缩小。它会让你的决定更糟糕，创意更匮乏，机会更难寻，办法更寥寥。

当警报响起，身体有所反应时，自动驾驶模式便启动了。此时，你往往会选择和儿时一模一样的应对策略。

放慢脚步。放慢脚步是控制恐惧的无上妙法。如此，大脑的运作更加顺畅，而问题也得以抽丝剥茧，化整为零。

敢拼才会赢。通过直面恐惧，训练身体的反应。选择一件使你心生恐惧、望而却步的事情，然后搞定它！

更换策略。准备一个清单，在上面列出当前应对恐惧时使用的策略及打算更换的策略。

"搭建乐高积木"。大目标会让我们茫然失措。不妨像玩乐高积木一样，将大目标分解成一个个容易实现的小目标，专注"搭建"和"探索"。看看这一模型将把你引向何方、会搭建出怎样的模型。

列出你最喜欢的借口。那些你不做的事情是否是当务之急呢？如果不是，重新评估一次，聚焦那些你认为最重要的事情。

认可成功。你完全可以开开心心地努力地拼搏向前。写下使你感到"满足"的事情吧！

培养成长型思维模式。接受挑战，孜孜以求，铭记教训。看到并认可自己的努力。投身"行动"之中。要知道，努力远胜天赋。

第七章

你好，朋友

我们不惜舍弃自身那些不被周遭接受的特点，以赢得某种归属感。但由此导致的内心割裂，为我们增添了一抹孤独感。

所谓命运，其实就是潜意识：
99% 的人不知道的母体思维

孤独与独处不同。有时身边人来人往，我们仍会感到孤独；明明有家人朋友相伴，还会感到孤独。孤独就像深藏于内心深处的那一缕空虚与哀愁，飘忽不定，才下眉头却上心头。

我们明明不孤单，可为何还觉得孤独呢？个中原因很多。认为自己有异于他人、与众不同，是其一；感觉世上没人在乎、理解自己，所需所求难以满足，是其二；觉得自己百无一用，没人爱、遭排斥，是其三。

小时候，我们常常感到孤独寂寞，觉得自己是不一样的烟火。在某种程度上，我们的确是独一无二的。但同时，我们也与他人共享诸多特征，如恐惧和怀疑。有很长一段时间，我也颇感孤独寂寞、与众不同，觉得自己和周遭的一切都格格不入。直到有一天，才忽然发觉，自己竟是一位"高敏感人士"。作为高敏感族群的一员，我对周围环境的解读更加细致，因而能够从中获悉更多信息，注意更多细节，理解也会相应地更加深刻。难怪我会觉得与众不同，原来我竟是少数群体的一员，而像我一样的人，全世界只有20%左右。如今，我特别珍视我拥有的高敏感察觉力，正是得益于它的襄助，我才能更好地指导和帮助他人，让他们像我一样，突破重重障碍，以全新的视角面对生活。

孤独会令人心生恐惧。我们一旦脱离群体，体内的"生存机制"便会开启。对尚未独立的孩子而言，脱离群体无异于死路一条，甚至那种孤独无依、被人排斥或拒绝的感受比死亡还可怕。这就好比面对一大群人，你却单枪匹马、茕茕孑立，很自然地会产生寡不敌众、自惭形秽之感。除此之外，收不到预期的聚会邀请函，也会让我们产生被群体排斥、孤立的恐惧感。

而一旦有了归属感，我们就会觉得世界皆在自己掌控之下。由此可见，归属感在对抗恐惧方面是不可或缺的。为了与周围环境相契合，我们通常会将自身的问题和不安藏匿起来，阿谀奉承、见风使舵，游走于各种社交场合，心甘情愿地为自己贴上"乖乖女""跳梁小丑""高冷男/女孩"和"变色龙"等标签。然而，纵使我们机关算尽，为自己挑选各种角色，最后却不免被汹涌澎湃的孤独之水淹没。因为我们亲手将自己隐藏了起来，以至于周围的人根本无从了解我们，当然也就无法获悉我们内心的渴望，从而导致我们盼望被倚重时却感觉自己可有可无，渴望别人陪伴时却形单影只。于是，孤独的苦酒终被我们亲手酿成。

人类的基本需求

内心需求得不到满足，孤独感便油然而生：没有人注意我，没有人关心我，也没有人爱我。很多人从不过问自己的基本需求，甚至不知道自己内心想要什么。每日里，他们只是"随波逐流"，醉心于"奉令承教""阿谀奉承"以博取他人的认可和赞美。当寻求归属感变成生活的主旋律，人们很容易迷失自我，既不知道自己是谁，也不知道自己需要什么。殊不知，迷失自我也会产生孤独。本书第九章将带你了解更多与内在GPS相关的内容，这对于读懂个人内在"地图"具有很大启发。

要想创建内在地图，首先要了解人类共有的一些基本需求。满足这些需求得靠我们自己亲力亲为，而不能单纯寄希望于他人。我们要倾听内心的诉求，照顾好自己的感受，如此，方能精神独立、内心强大。

享誉世界的心理导师托尼·罗宾斯认为，人类的行为动机源于六大基本需求，尽管人们通常意识不到它们的存在。无论做得"很好"还是"一般"，"有意"而为还是"无意"为之，人们都在竭尽所能地满足这些需求。有些人甚至为了满足这些需求，选择放弃自身"目标"和"梦想"，或是不惜葬送自身的"价值观"。一旦了解这些基本需求，人们便能化繁为简，更好地了解自身——做了哪些选择？动机何在？不仅如此，这些基本需求对人们学习、预测，并直面他人的言语、行为也颇有益处：了解一个人的动机，就比较容易参透其内心世界。比如，你会看到，其行为可能不会一直正面、有效，原因在于，他们很可能还未找到满足自身需求的更好的方式。如果更具同理心，我们就会明白有些事情与我们并不相干，别人看起来也无伤害之意。经过此番了解，我们便能更加坚定地捍卫自身需求。

人类的六大基本需求：

· 安全感／确定性

第七章 你好，朋友

- 多样性
- 重要性
- 归属感与爱
- 成长
- 贡献

罗宾斯将人类六大基本需求解释如下：

（1）安全感/确定性

从生存视角看，"安全感"很重要。极度渴求安全感的人往往不愿意做出改变。因为一旦发生改变，他们就可能陷入恐惧、紧张、担心的境地。对极度渴求安全感的人而言，凡事最好保持原样，按兵不动，能不改变则不改变。人们既可采取积极的方式满足自身对安全的需求，比如修炼内心，做明智之选，与品德高尚之人为伍，也可选用不那么积极的方式，即永不跳槽（即便你很想换个工作环境），继续维系一段不死不活的关系，或是很少尝试新的度假目的地。

（2）多样性

多样性与安全性相对。多样性是人生的调味剂，能让生活有滋有味。如果生活中的变化乏善可陈，人们就会感到乏味无聊。那么，如何让生活多姿多彩、日新月异呢？你可以通过积极的方式，比如成长、学习、接受挑战、朝新目标进发，也可采用不那么积极的方式，如延迟交付任务（这样你便能一直完善之）、朝三暮四，等等。甚至，有人还会通过调配饮食打造多姿多彩的生活。

（3）重要性

每个人都渴望感受到自身的重要性、独特性和特殊性，也希望自己能被别人需要，盼望自身价值得以实现。你可以通过努力地工作、达成目标、认可自己的努力、帮助他人等满足自身对重要性的需求。当然，也可以换个方式满足自己——对他人评头论足、不屑一顾，投其所好讨好他人，或购置贵重物品。有些人还会有意使问题"严重化"，以满足对自身重要性的需求。于此，他们便能得到同情和理解，并让自己感觉很重要。

（4）归属感与爱

觉得自己"不够好"是人类最深层次的恐惧之一，因为这意味着没人爱我们。要想满足归属感和爱的需求，你就要敞开心扉、经营爱情，或关心他人。当然，你也可以试着花钱买爱、安于喜忧参半的人际关系（感受某种归属感），或者完全无视自身对归属感与爱的需求，得过且过。

（5）成长

人生在世，不是成长，便是死亡。不但人际关系如此，陪伴亦

第七章 你好，朋友

是如此。我们生来便以不断前进、成长和发展为目标。无论是学习新知识、实现新目标，还是接受新挑战，都能满足我们对成长的需求。当然，我们也可以从不那么重要的领域汲取养分。再者，也可以等到火烧眉毛之际再走上成长之路，比如别无他法之时，只能强迫自己做出改变。

（6）贡献

人人都应超越自我，力所能及地为社会做贡献，如此，也会带给我们深深的成就感和满足感。无论是贡献者，还是接受贡献者，都会享受贡献带来的喜悦。帮助他人、向慈善机构捐款，或向他人传道授业解惑都可以满足自身对贡献的需求。当然，你还有一个备选方案——只在别人注意到自己或自身有利可图时做贡献。

你最看重哪一种需求呢？要论这六种需求的排序，可谓仁者见仁智者见智；有些人可能觉得某些需求对自己很重要，其他人则可能不以为然。即便两个人的需求是相同的，但在满足需求的方式上也可能大相径庭。虽然大多数人认为这六种或其中某些需求都很重要，但在实践中也不会将它们等量齐观。通常，置于首位的需求对我们的生活方向具有决定性作用。比如，我特别倚重成长需求，因此在做决定时就会有意无意地遵循它，且绝无可能因为其他需求而让步妥协。因为对我而言，不能成长，我便无法获得想要的满足感。那么，这六大基本需求中，你最青睐哪一个呢？

你要清楚自身需求，这样不仅能够更好地满足自己，亦能更好地让别人洞悉。日后，当我们再倾听内心的声音时，就会知道自己到底需要什么，孤独感也会大为缓解。

你好，朋友

平日里对自己的喃喃细语尤为重要。如果你一而再，再而三地告诉自己"我很孤独"，那它就会成为大脑恪守不渝的一种信念。如若哪天，你突然跟自己说"我有很多朋友"或"我是某个群体的一员，不可或缺的一员"，潜意识立马就会觉得不对劲，并反驳道："骗谁呢！"鉴于我们一向对潜意识奉命唯谨，于是，就会继续秉持"我很孤独"这一信念不动摇。由此可见，改变"内心对话"至关重要。

本书第三章曾提过碾碎"自动生成的消极思维"及创建积极的"锚定思维"，想必你还记得吧？要知道，"锚定思维"和"正向肯定"可是有天壤之别的。因为正向肯定有时会设定出一个无法企及的标准，让人更觉灰心丧气、萎靡不振。例如，当我们用"我很成功"或"我很棒"之类的正向肯定时，潜意识会说："假的，你才不是呢！"毕竟这类正向肯定的确让人感觉不切实际。诚然，脚踏实地、用心耕耘，一切皆有可能，但我们绝不能自欺欺人。明明不是真的，还要强加于己，骗自己相信，岂不是睁眼说瞎话？如果一意孤行，潜意识可不是吃素的，它会毫不留情地揭下谎言的面纱，并掀起一场冲突，让你的情绪比之前更加低落消沉。

可见，我们真正需要的内心对话应该具有一呼百应、振奋人心、心服口服之功效。我记得曾有个客户叫安娜，她一直想不通，为何自己勤学苦练，却始终与游泳冠军无缘。在咨询期间，安娜再度表现出游泳教练给她"加油鼓劲"时的那种感受。显然，教练的用心是好的，但其用词并不能起到鼓舞士气的效果。因为教练越鼓舞，安娜对自己的表现就越失望。一旦未能达成目标，她还会对自己百般苛责。对安娜而言，游泳教练已经潜入其大脑，变成了她消极思维的一部分。

如果你的头脑中也有这样一位将你推入"消极思维"模式的"游泳教练"，相信你也不会感到斗志高昂的，相反，大有中途放弃之风险。打开心门的最好方式是跟自己交朋友。想想看，如果你内心有一位需要鼓励、支持和表扬的小孩，你还会那么苛责自己吗？

我犯了一个错误

"内疚"和"羞愧"是造就孤独感的元凶。所谓内疚，就是觉得自己做错了什么，该情绪在我的工作过程中很常见。当人们所做之事有违其荣誉准则、道德准则，或自我感觉良好的价值观时，内疚就降临了，并带来满满的羞愧感——我不对，我不好，我不配感觉良好。于是，便有了如下想法：我一直就表现不好，活该得不到任何奖励。

我遇到的客户中，有些心怀内疚长达10年或20年，甚至还有40年之久的。然而，一直困扰他们的或许只是些鸡毛蒜皮的小事，比如，偷拿妈妈的钱，欺负小弟弟，偷吃饼干后谎称饼干不见了，或是朋友遇到困难时未能出手相助。

成年人让孩子独自面对内疚和羞愧是有问题的。因为孩子别无他法，只能到自己的房间里面壁思过，他们会等什么时候觉得自己好些了再出来。鉴于认知有限，小孩子无法把发生的一切理顺，亦无力独自处理这段经历，他们只能干坐在那里，任由内疚和羞愧在体内肆虐。此时此刻，需要有个大人出现，把事情安排妥当，并让孩子知道尽管他们犯了错误，但不影响爸妈对他们的爱。如若大人没有适时出现，内疚和羞愧便会就此存于孩子心中，"自卑"的第一粒种子就此种下。

如若因有违自身荣誉道德准则或做错事而内疚满怀，没必要为此忧思过度。一则羞愧难当，于事无补；二则长期心怀内疚，还会滋生很多问题。比如，羞愧感开始侵蚀自尊，很久之前发生的事也浮现了出来，让我们一而再，再而三地懊恼不已。所谓表现焦虑、吹毛求疵和完美主义，究其实质，都是内疚无法疏解、内心难以平衡所致。不幸的是，自责也貌似很难解决问题，我们只好拼命地提升自己，争取做得更好、变得更出色。需要注意的是，不论内疚是大是小，是过去了很久还是刚刚发生，都要想办法加以解决。

我不优秀

如果对自身某些性格特征心生厌恶，更深层次的"内疚"和"羞愧"便开始兴风作浪。人们由于无法靠体力将这些感受推至一边，便另辟蹊径，通过制造某种隔阂，以从他人那里寻求"归属感"。这乍听起来可能云里雾里，请容我举例说明。

你正跟同事苏珊一起喝咖啡，另一位同事莉娜恰好路过。这让你一下子想起老板刚刚给她委派了一堆新任务。这些任务个个精彩，你本来也跃跃欲试的，但思前想后没敢开口。一方面，你懊悔自己关键时刻做了缩头乌龟；另一方面，想想那些趣味盎然的任务与自己手头枯燥的工作，你又对莉娜心生艳羡。于是，你悄悄跟苏珊说："真搞不懂，莉娜哪来那么好的资源？工作上也没见她有什么过人之处啊。"此番下来，你推开莉娜，制造了她与团队的隔阂，进而拉近了与苏珊的距离。

殊不知，我们亦可以"离间"自身。

为什么你就不能像你妹妹一样呢

跻身全球顶尖股票经纪人之列是彼得的梦想。然而，成功不可能一蹴而就，要达成目标，彼得需要时刻保持精力充沛，不仅工作中要勇于挑战，凡事还要精心策划、审时度势，确保任务完成得漂漂亮亮。老板曾告诉彼得，要想与业内大佬齐头并进，就要拥有更具前瞻性的思维和眼光。但彼得深知自己在工作上缺乏冒险精神，不善言辞，也不敢表达自己的真实想法。为实现梦想，彼得决心改变自己。

彼得有个比自己小几岁的妹妹。小时候，妹妹一旦玩起娃娃，可以在一个地方一待就是几个小时。彼得恰恰相反，他精力充沛，根本坐不住，总想尝试新东西。为此，彼得的父母经常叹道："为什么你就不能像你妹妹一样呢？"或者"你安静会儿好不好？"在父母眼中，精力旺盛、好奇的彼得有时就像是一个让人无法招架的难缠分子。他们觉得，养一个坐得住的孩子更加省心。然而，父母并未意识到，自己的言语不但影响了彼得自我的塑造，还给他设下了条条框框。诚然，彼得乐于探索的人格特质有时的确会让父母疲于应对，但这恰恰可能是彼得与业内大佬齐头并进的必备特质。

大人常常不假思索，一味将责任推到孩子身上。"邻居们会怎么说？""你让我很失望。你可以做得更好。""为什么不照我说的做？如果爱我，就得听我的。"听完这些话，孩子就会觉得自己做得不对，必须按父母说的"好好表现"，好让他们喜欢自己。孩子渴望得到父母的关爱，也会不惜一切代价赢得父母的肯定。以彼得为例，其父母并无恶意，可能那时他们就想静一静，同时也想让儿子更稳重、规矩些。然而事与愿违，彼得将之解读为：我不招人待见，我不够好。在彼得看来，不能成为父母眼中的"乖孩子"会直接影响亲子关系，还会失去父母的关爱、家庭的归属感，甚至失去他跟父母的亲情。没了这些，他可怎么活？

第七章 你好，朋友

当父母将妹妹捧为榜样时，不经意间他们也在将彼得一把推开。彼得内心的自我分裂就此发生。为拉近与父母的关系，他会将父母不喜欢的通通放弃。这也符合人类思维的发展特点，即人类思维由很多不同部分组成，有些与周围环境格格不入的特质，会逐渐地被人们摒弃，由此带来个体的内心分裂。伴随人们的成长，一些特质因更符合"社交正确"的标准，会逐渐地占据主导地位。每当彼得试图奋勇当先、主动出击时，其童年时期为讨好父母而取得主导地位的特质便得以激活，内心的裂痕也在此时兴风作浪，迫使他打消这一念头。最终，彼得非但不以自己充沛的精力和跃跃欲试的热情为荣，反而以之为耻。于是，他选择将前台让给他人，自己退居幕后，以免遭受责备。

还有一些人，由于做什么都无法让父母称心满意，百思不得其解，最后便得出一个解释——问题在于我。小孩子一旦发现周围环境出现问题，几乎都会将之归咎于自己。伴随一个个分裂的诞生，体内各个部分针锋相对、水火不容，由此催生出一种内在判断，让孩子感到羞愧难当：他们发现自己竟然一无是处。直到有一天，无论怎么努力，他们也无力通过扩大裂痕拉近与父母的距离了，于是乎，终日彷徨无依、找不到自我，能拿来示人的特质已所剩无几。一旦卸下伪装，袒露真实的自我，便自惭形秽，觉得自己四分五裂、形单影只、一文不值。

如此贬低自己，自然会变得离群索居。你推开的那部分与你的内心之间产生的空间，也成为隔阂感和孤独感肆意生长的沃土。而且，你将那些部分推得越远，就越感到孤独寂寞；你越是贬低这些部分，孤独感便越发强烈，因为内心的分裂体现了你对环境的体验。你越发像只孤狼，与他人渐行渐远。

孤独像把无形的利刃，所经之处哀鸿遍野。因此，一旦内心孤独来袭，我们便想尽办法，保自己周全。拼命工作，抽烟，酗酒，购物，浑浑噩噩、得过且过……凡此种种，都是我们试图逃避孤独的方式。在我打交道的客户中，不少人把香烟当成知己，唯一的知己。因为在他们看来，香烟这个朋友最靠谱，不仅风雨无阻不离不弃，还从不对他们评头论足，也不颐指气使。然而，这些不过是饮鸩止渴罢了，并不能真正地解决问题。若要让孤独烟消云散，唯有依靠自己，坦诚以待，让我们成为自己的知己好友。

第七章 你好，朋友

探索之旅

无论是"内心对话"的语气，还是推开的部分，都会带来内心的孤独。孤独让我们羞于与自己为伍，于是，我们便自我苛责、自我审视，觉得自己面目可憎，并东躲西藏。之所以感到孤独，是因为内心深处那个团队表现不佳，不肯配合。以下问题将助你探索你与自己的友谊：

- 你都跟自己说些什么？
- 你会说些什么来给自己加油鼓劲？
- 对你而言，最重要的两大基本需求是什么？
- 今天，你如何让你的基本需求得以满足？
- 你能用更具建设性的方式满足你的基本需求吗？
- 你是否有这样的情况，即觉得自己做错了，因此活该受罪，不配有好果子吃？
- 你对自身哪些部分感到自惭形秽？
- 何人或何事让你羞愧难当，并让你将其一把推开？
- 回顾你小时候推开的任何一个部分，现在你还觉得它们危险吗？
- 如果你的某一部分"令人讨厌"或"是个错误"，那你当初是出于什么目的创建它的呢？
- 你向外界隐藏了某些部分，这对你的生活有什么影响？
- 如果一直隐藏这些部分，你觉得会给以后的生活带来什么影响？

- 这些隐藏的部分在不同场合下具有什么优势？

绝地控心术

想要摆脱孤独，并从自己内心和他人那里获得归属感，其要旨在于理解、接纳自身所有的部分，并看到其价值。就像对待蹒跚学步的孩子一样，要多鼓励、多表扬。最重要的是，敢于对"正能量"与"爱"敞开怀抱。

黑客信条 22

你好，朋友

感受是内心世界的体现。一个形单影只、落落寡合之人，其内心也必是孤独和寂寞的。这是因为构成其内心世界的各部分彼此孤立，缺乏联系。要想从自身和他人那里获得归属感，就要直面那些令我们心怀愧疚和一把推开的部分。然而，究竟该如何进行实际操作呢？

举个例子吧。倘若，你体内有一部分是个"大嗓门"，可惜这一个性不为人所悦见。经反复提醒你"别那么大声"后，你果然变得安静了，但内心深处的大嗓门却不干了。此时，遭受压抑的部分开始浮出水面，并不合时宜地给自己"加戏"。

第七章 你好，朋友

与其对大嗓门横加指责，并将其拒之千里之外，倒不如由着它来。当然，我并不是说，你应该任由其不分时候、不分场合地吵嚷个不停，但至少不要让自己因此而羞愧难当。不如时不时地让它露露面吧！譬如，在舞池里、在足球场上，或者在激烈的辩论中。你还可以问问这一部分何以存在，了解一下它为什么这么做，即当初创造它的目的何在。如若发现其存在的原因只是希望有人能够倾听自己，那就大可设法满足这一需求。例如，在会议上分享自己的想法，参加合唱团，或者与他人交流一下自己在某一特定情况下的感受。一旦投身行动，你便不会在"大嗓门"的裹挟下，大吵大嚷、喋喋不休了。因为此时，受压抑的那部分需求已如愿以偿，也就不会那么大张旗鼓地给自己加戏了。

有必要切实了解一下内心的每一部分，尝试给它们一定的存在空间。想一下，那些部分想为你做些什么？又想予你什么保护？不妨将它们看作一个团队。其中，每位成员都各司其职，同等重要、不可或缺。当然，各部分该在什么时间出场以及达到什么样的程度可能会有所不同，但没有哪一部分是可有可无的，错误的，或是想毁掉你的。它们只不过想融入团队罢了。试想，如果那些之前惨遭推开的部分回来了，你会怎么安置它们呢？要明白，理解自己、喜欢自己、接纳自己，这些可都是治愈孤独的良药哦。等各部分都顺利归位后，我们就变得完整如初了。所以，要想让自己更加真实和真诚，重在让各部分回归并好好地得其所用！

然而，让所有部分都回归团队需要一定的时间。而且，当我们直面自身隐藏的部分时，先前推开它们的那种痛苦，以及当初担心它们会为人所知的恐惧就会浮出水面。如果因袒露自身隐藏的部分而感觉欠佳，恰恰说明你正重返正确轨道。不妨将自己看作钻石吧。要知道，钻石不畏切割、打磨，才换来璀璨夺目的切面。于你，亦是如此！切面越多，越发闪耀，你和你的人生也将因此变得更加光芒四射、熠熠生辉。

黑客信条 23

清理内疚

若要清除心中的内疚感，就要搞清楚我们过去在哪些人、哪些事上处理方式欠妥。想想看，需要清理和修复的人和事有哪些？与谁还存在什么过节需要化解？哪些误解需要澄清？心中是否藏有难以释怀的内疚和亏欠？该跟谁道个歉？有没有因许下的承诺没能遵守而感到良心不安？如果有的话，你该对这些人说些什么？

对过去的内疚进行复盘也就意味着与自己和解。回顾一下，当时自己为什么做错了，以及是否真的做错了。此番下来，你能对自己经历的一切产生共鸣吗？找个不会对你评头论足的人，把你的故事讲给他/她听吧，这将有助于消除你的内疚感。

内疚释怀后，痛苦感就减轻了，"情绪痉挛"现象也得以改观。伴随自豪感的提升，我们的自尊心也就树立起来了。

黑客信条 24

保持联络

如果幼年时期,某个成人对我们不闻不问,长大后,我们就会对他人的喜欢或关爱反应迟钝。我们会觉得,给朋友打不打电话都可以,参不参加聚会也无关紧要,甚至,不会有人需要我们关心,亦不会有人想念我们。随着与他人日渐疏远,孤独感悄悄袭来。殊不知,我们的无动于衷反而给那些关心我们的人造成了伤害。虽然我们对人间真情感觉漠然,但面对我们的寡情薄义,他们会心痛不已。

而保持联络便是治愈之法,哪怕你对此不以为意。因此当有人邀请你时,欣然答应吧。

黑客信条 25

创造自己的箴言

"正向肯定"有时不包含任何行动,只是对个人或事情的一种口头认可,因此作用不大。要想有所改变,你必须主动出击,即创造那些定义自己应该做什么,以及如何去做的正向肯定或箴言。下面是我个人的行动方法,可供参考。

> 所谓命运，其实就是潜意识：
> 99% 的人不知道的母体思维

・为强健体魄，我每天步行30分钟。因为履行了对自身的承诺，我感到心满意足，并引以为傲。

・每月节省200块钱，一年就能攒够冥想课程的报名费用，从而使生活换新颜。

・每天早上6点起床执行"晨间例事"，并以此开启成功的一天。

・每当做了好事，我都会表扬自己。

在创设肯定陈述（一个箴言）时，要尽可能与个人的"信仰体系"保持一致，否则徒劳无益。选择一个对你有意义且有助于带来新机遇的箴言，最好当下就能实现。箴言应像灯塔，指引人们走上正道坦途。

一句箴言一次只对应一个目标或方向。如果你有很多目标、方向和步骤，且想在同一时间进行处理，那就如同在同一时间翻修整座房屋一样，虽然每个房间都修补了一点，但最终没能把整个房子修缮完毕。记住，眉毛胡子一把抓会让效率大打折扣。同样的情况也适用于你的目标。

箴言需要经常重复，最好每天都讲，有时还可以一天讲好几次。与此同时，请调动情绪的力量为你的箴言加码，因为积极的情绪能使身体在目标达成前就能感受到成功的喜悦，让身体更加积极主动地朝目标迈进。倒数5、4、3、2、1，开始行动起来，去做该做的事吧！如果你的箴言不起作用，原因往往出于下列之一：

- 目标太大，或者要求太难满足。不妨将它分解成更小的目标。

- 目标或方向鼓舞力不够。在本书第十章，你将了解更多与"发现新目标"或"跟着能量走"的相关内容。

- 如果认为自己不配拥有成功，不配感觉良好，或者对于目标能否实现很不自信，那么就在你的"内心对话"上下功夫吧，或者寻求心理导师或心理治疗师的助力，并增强信心。

黑客信条 26

敢于接受

礼物、帮助和关注都是爱的表现。不少人患有"爱的接受障碍"，无论这"爱"是什么形式，是源于自己、他人，还是"宇宙"。我时常遇到一些人，他们虽寄希望于"宇宙"，但当某个朋友伸出援助之手时，他们断然拒绝了。试想，一个连从另一个"同类"那儿都不能获得帮助之人，又怎能指望得到宇宙的助力？造成这一问题的原因，往往与人们经历的"有条件的爱有关，即受了伤害，故不再相信有真爱。对此，我们的确无能为力，除非自己能够开启心门。受此困扰之人，可以试着从接受小帮助开始，比如行李太重时，接受别人的帮助，让人帮你提一下；别人伸开双臂时，接受这一友好的拥抱；或者接受别人对你的赞美。

60 秒速览

害怕被人评头论足，于是一躲了之。不给别人适当了解你的机会，就会导致孤独落寞。

内疚和羞愧可以引发我们内心的分裂。有些与周围环境格格不入的特质，会逐渐地被人们摒弃，由此带来我们内心的分裂，还会平添我们的孤独感。

疯狂工作、抽烟、酗酒、购物，以及浑浑噩噩、得过且过……凡此种种，都是我们试图逃避孤独的方式。

你好，朋友！了解一下自己的各个部分，并让它们各就各位。考虑一下，那些部分想为你做些什么？又想予你什么保护？不妨将它们看作一个团队，其中，每位成员都各司其职，同等重要、不可或缺。

清理内疚。若要清除心中的内疚感，就要搞清楚过去自己在哪些人和事的处理方式上欠妥，并原谅自己犯下的过错。

保持联络。多跟家人、朋友和熟人保持联络，当有人邀请你时，欣然答应。

创造自己的箴言。创造一个包含行动的箴言，并使其发挥灯塔的作用，指引你走上正道坦途。

敢于接受。所有瞄准你的积极行动都是爱的表现。开启心门，勇敢地接受吧！

第八章

欲速则不达

慢下来，才能更好地明察秋毫、凝心聚力；

慢下来，才能做到从容不迫、临危不惧；

慢下来，才能更加创意无限、气定神闲。

所谓命运，其实就是潜意识：
99% 的人不知道的母体思维

试想一下，此刻，你正疾驰在高速公路上。虽说对道路早已驾轻就熟，但什么地方该转弯、什么地方该下高速，仍需留心路标。总不能等路标一闪而过之后，你才突然来个急刹车，去考虑刚刚那个路标是什么，提醒你要干什么。

唯有放慢速度，方能看清路标。"直觉"宛如一晃而过的路标，不想错过的话，就要放慢速度。构建"内控"的诀窍就是慢下来。慢下来，才能更好地明察秋毫、凝心聚力；慢下来，才能做到从容不迫、临危不惧；慢下来，才能更加创意无限、气定神闲。"欲速则不达"，真可谓一语中的。

这正是我与客户打交道的方式。在我的帮助下，客户们不但取得了放慢速度和业绩精进的双丰收，还能在必要之时弯道超车、倍速前进。因为伴随着速度放慢，脑电波频率"由高转低"，能够帮助我们挣脱"生存模式"的羁绊，让我们更加心境澄明、心无旁骛地专注于问题本身。

要想长久保持这一状态，其实不难，只需定期给大脑降降速即可。如此，不但能让体内剑拔弩张的各方偃旗息鼓、握手言和，也有助于充分地发挥大脑的思考能力。心境平和后，我们就能摆脱外界干扰，做事井然有序、事半功倍、积极有为、干劲十足。若想取得上述效果，只需要定期减速，再来一两次深呼吸。

第八章 欲速则不达

为何不能慢下来呢

有时，我们会将"忙碌"与"成功"和"地位"相联系。我们常将马不停蹄、脚不沾地看作是做事高效、掌控一切的标志。殊不知，"忙碌"与之根本不搭边。在我作为心理导师的工作中，我发现，害怕"慢下来"的不在少数。只是他们不知道，只有停下匆匆的脚步，才能更加清晰地"观照己身"，审视自我发展，进而打定主意，做出改变。随着速度的放缓，"真相"便会浮出水面，我们也会更加坦诚待己，并心无旁骛专攻当务之急。当然，这也意味着当年我们竭力逃避的一桩桩、一幕幕会——现身，我们也会为不得已要直面的那些内心之声、问题之源、怀疑之苦、痛苦之根、生活之本而心生忐忑、惶恐不安。因为问题一股脑地登门造访会让大脑应接不暇、手足无措，不得已，只能再次切换到"生存模式"，什么机会啦，妙策啦，统统都得靠边站。

很多人不愿做出改变，除非生活中发生了什么变故，比如，疾病、死亡、失业，或是关系破裂。可是，为何非要等痛苦与磨难降临之时再做改变呢？积极主动地学着改变，以满足自己的好奇心，获得更多快乐或者灵感不是更好吗？

放松时刻

大脑有很多"轻松一刻"的锦囊妙计。"拖延"就是其获得休息的妙计之一。如果我们时常因"经济状况""子女教育""缺乏自尊"等原因而忧心忡忡，那么大脑便会不堪重负。当看到办公桌上长长的待办事项清单时，大多数人都会说："我都好几个小时不得闲了，实在受不了，先休息一下，待会儿再干吧！"于是乎，我们便开启了网上冲浪模式，一会儿刷刷抖音，一会儿逛逛淘宝，一会儿看看热搜……转眼间，一个小时过去了。大脑之所以选择"拖延"，未必是因为你缺乏自律，亦非目标遥不可及，而是焦虑过度之故。这就如同有些人感觉累了，会抽根烟放松放松一样，大脑偶尔也需要一支烟工夫的放松时刻。压力来袭时，我们会选择"拖延"的方式进行规避，这种抗压策略最终就变成了一种习惯。当然，我们还可以积极地寻求解决办法以处理乱象，但这样做时，千万不可操之过急，不妨从力所能及的小事操刀。譬如，花5分钟时间完成待办清单上的某些事项。诚然，"万事开头难"，但研究表明，只要开始行动，80%的人会选择继续做下去的。

我们的脑电波

在阐释让大脑减速的方法之前，我想先谈谈不同的"脑电波"是如何工作的。我们的大脑由"神经细胞"（或称"神经元"）组成，这些细胞经由"电脉冲"实现了彼此之间的互联互通。电脉冲便是我们耳熟能详的"脑电波"，且各个脑电波执行的功能不尽相

第八章 欲速则不达

同。以下便是人脑的五种脑电波：

（1）德尔塔波（δ波）

德尔塔波是频率最低的脑电波。从呱呱坠地至2岁期间，大脑一直以此频率工作。受潜意识所控，婴儿几乎无法对接收到的外界信息进行编辑，加之意识功能效率低下，也不具备产生批判性思维和分析性思维的能力，不能对周边情况做出判断。禅修数十年的西藏僧侣能够在清醒、警觉的状态下实现这一状态，但对普罗大众而言，可能只有在入睡时才能逃过外界信息的狂轰滥炸。

（2）西塔波（θ波）

2~6岁，脑活动量开始增加，西塔波开始接手工作。受此影响，孩子们天马行空，醉心于自己的精神世界。虽然这一阶段的孩子不具备逻辑与理性思维能力，大多不过人云亦云，但大脑编程在这一时期如火如荼地开展起来了，诸如，"钱不是天上掉下来的""男儿有泪不轻弹""你不能这样，不能那样"等，就是这一时期形成的。虽然，很多信息会趁着潜意识之门大开之际进入小孩子的头脑，但体验自身感受才是该阶段的重点。

渐渐地，孩子们发现感受并非一成不变。于是乎，便将其"感受"与正在进行的"身外之事"绑定关联。随后，一旦孩子感受到某一特定情绪，大脑便给周遭环境来上数张"快拍"。如此一来，孩子便领会了：什么会让自己喜不自禁，什么会让自己悲痛欲绝，诸如此类感受背后的起因……了解这些有助于孩子以最佳方式规避痛苦，寻求安全，获得认同感。

成年后，人们可以通过"冥想"或"催眠"抵达西塔波控制的领地。进而，从逻辑思维进入更深层次的意识之境。届时，人们的直觉更敏锐，处理复杂问题的能力更强，能够更好地预见事态发展并能以大局视野审视问题。与客户打交道时，我大多会运用西塔波的这一优势，帮我快速得出诊断结果。其原理就如同打开了电脑的"硬盘驱动器"，我不仅可以与潜意识直接接触，还能更容易地读取信息，做出改变。

（3）阿尔法波（α波）

6~12岁的孩子会受到阿尔法波影响。6~9岁时，伴随大脑中负责分析的部分开始逐步进化，人们开始解读自身经历，总结经验教训。但处于该阶段，孩子仍免不了天马行空，陶醉于自身的精神世界。受阿尔法波影响的成年人，能够放慢思维，遇事从容不迫、心平气和、处之泰然。通常来说，练瑜伽、林间漫步、做按摩都有助于达到这一状态。此时，人们既可认认真真地思考人生，也可天马行空做梦发呆，大脑的两个半球也会变得更加平衡。

（4）贝塔波（β波）

大约从12岁开始，大脑便进入了贝塔波状态。这时，分析能力与逻辑思维日益精进，意识（思考脑）和潜意识（编程和想象之间的"大门"开始关闭。要知道，贝塔波状态才是成人脑电波的常态，唯此，我们才能保持警觉，利用脑中负责思考和意识的部分，展开分析、计划、评估和分类。

（5）伽马波（γ波）

伽马波与人们的"高度注意力""超乎寻常的身心能力"以及"幸福感"息息相关。神经科学家认为，伽马波可以在桥接人脑各部分信息的同时激活一众脑细胞。如此一来，大脑和身体会步调一致、并肩前进，让人进入一种"最佳状态"。伽马波高度活跃的人往往格外聪明，富有同情心，且高度克己自制。与普通人相比，顶尖级运动员、国际巨星以及各行各业的高精尖人才均拥有更多的伽马波。

拥有更多伽马波的大脑所具备的优点：

· 记忆力更好。

· 五官感觉（视觉、听觉、触觉、味觉、嗅觉）更加敏锐，可以感受更多经历，且能从周围环境中提取更多信息。

· 注意力更集中。

· 大脑可以更加高效地进行信息处理。

· 更具幸福感、喜悦感、平静感和满足感。

· 更具创造力。

· 更具自控力。

下列情形有助于激活伽马波：

　　·处于REM睡眠期（"快速眼动睡眠期"）——虽然你在做梦，但大脑的神经细胞依然如清醒时那般活跃。

　　·可视化训练期间，正如第三章中内容所述。

　　·冥想时，尤其是当你专注"内心"，并持有一颗感恩、同情且有爱之心时。研究表明，僧侣专注心灵冥想时，脑中便会出现伽马波。

本章将对"冥想"或称"自我催眠"展开详述。相信读完本章，你便能更加高效地使用脑容量。同时，随着时间推移，素有大脑"战斗或逃跑"中心之称的杏仁核也会减少活动，让你变得更聪明、更快乐、更平静，也更平和。

各司其职的脑电波

我们会根据天气变化穿不同的衣服。简而言之，脑电波亦如是，即其功用不尽相同。

伽马波——在你需要"最佳状态"时出现。诚然，大多数人希望一直处于"最佳状态"，但该状态不会一直持续。

贝塔波——成年人每天的大部分时间都处于贝塔波状态，即对

第八章 欲速则不达

外界保持警惕，时刻紧绷一根弦。此时，大脑中负责思考的部分开启，带来强大的"逻辑思维""分析能力""理性思维""意志力"和做事的"意图"。不过，显意识只占全部意识的5%左右，其余的95%则是潜意识及其全部编程。

阿尔法波——闭上双眼，你会将外界80%的信息阻挡在外。由于需要处理的信息减少了，内心世界变得越发清晰，"压力"和"焦虑"也随之减少，你会感觉更加惬意放松。此时，大脑仿佛按下了暂停键。当选择佛系，凝视"虚无"时，你便进入了一个阿尔法波时刻。

西塔波——这一状态下，即使你神志清醒，也恍若置身梦中。伴随横亘于意识和潜意识之间的大门徐徐开启，你将洞幽察微，更具创意，也更能针对问题对症下药。不过，处于这一状态，你容易多愁善感，任何细微变化和成长过程中的经历都会在心底激起层层波澜。

德尔塔波——你进入了深度睡眠状态，几乎没有意识。一旦进入德尔塔波状态，大脑便可以休息一下了。趁此时机，让大脑充充电、休整一番，养足精神准备迎接新的挑战。

我们醒着的时候，大部分时间处于"贝塔波"状态。这时，大脑关注的焦点是"外部环境"。伴随外界信息通过五种感官源源不断地传来，大脑的意识部分也会争分夺秒地对这些信息进行分析、处理和储存。与此同时，大脑情绪部分也会根据输入的信息衍生出某种感受，告诉我们应如何看待这些体验。

所谓命运，其实就是潜意识：
99% 的人不知道的母体思维

三类贝塔波：

·低贝塔波——这一状态下，你不但能够做到专心致志，而且还相当放松。这种感觉就像陶醉在一本好书中一样。

·中贝塔波——这一状态下，你将更加专心致志、心无旁骛、明察秋毫。逻辑的开关就此打开。学习新知识时，你便处于这一状态。

·高贝塔波——这一状态下，压力荷尔蒙在体内释放。如果一个人感到情绪激动、伤心难过、惊慌失措、心浮气躁、压力山大、气急败坏，动辄对他人、他事评头论足，凡此种种，说明你已处于高贝塔波状态。此时，人们对一切都高度警觉，忧心忡忡，一有点风吹草动，就草木皆兵。当理智让步于情感，我们会跃跃欲试，随时准备采取行动。然而，身处兴奋的包围之中，人们既难以集中精力，又无力解决问题，甚至还会钻牛角尖，锱铢必较，一发不可收拾。诚然，置身险境或困境中，这一状态具有提振精神，一鼓作气将任务完成的功效。如若长期处于该状态，身体终将不堪其扰，出现失衡，人们也会因此变得疲惫不堪，每日里坐卧不安、愁眉不展，容易走极端：不是走火入魔，就是优柔寡断；不是诚惶诚恐，就是争强好胜，终日忧心忡忡、辗转难眠。处于这一状态，人们根本无法收获新知，无法敞开心扉，亦无法相信自身能力。

每一种脑电波都各有所长，使用哪一种取决于你想实现什么目标。德尔塔波有助于休养生息；西塔波有助于激发创造力，助推问

第八章 欲速则不达

题的解决；阿尔法波有助于排忧解难，释放压力；贝塔波有助于集中精力，对周围环境保持警觉，并为分析与逻辑保驾护航。一旦发生紧急情况，我们可能还需仰仗高贝塔波纾困解难。

然而，要是你一天大部分时间都处于高贝塔波状态下，那就大事不妙了。因为只有事出紧急、关乎生死存亡时，我们才能寄希望于高贝塔波以缓解危机，倘若总处于生存模式，则会影响整个系统，为分析问题、开创新思路和解决问题带来障碍。高贝塔波状态催生的化学物质对大脑平衡具有破坏作用，致使负责思考的部分工作总不在状态，进而引发神经系统失衡，情绪也会变成一团乱麻。当人们目光所及只有外物时——某些人、某些事、某些情形，就不会积极地寻求"解决方案"，反而执着于"问题"本身，难以解脱。总体看来，弊大于利。不仅如此，人们还会变得封闭自守，对于出现的新信息敬而远之。更糟糕的是，内在的GPS也在此时宣布罢工，让人很难认清自己，亦不知人生将何去何从。此情此景，生存成为当务之急。因为处于高压状态下，大脑根本顾不上什么成长或改变，只想快速地想法子逃避压力，根本没有时间或精力考虑长期规划，遑论对出现的新事物产生兴趣。

长期处于高贝塔波的阴霾下，身体的内部系统将分崩离析，影响大脑的认知功能和情绪功能。相关影响如下：

· 记忆力衰退。思路不清，精力不集中。大脑像是被糨糊糊住了一样，既无法解决问题，也无法吸收新知识。如果你觉得自己出现犯

所谓命运，其实就是潜意识：
99% 的人不知道的母体思维

傻、注意力不集中或是健忘等症状，那很可能是高贝塔波在作怪。

·目光短浅。很难制定决策，看不到机遇，也找不到标新立异的解决方案。

·无精打采、疲惫不堪，或高度亢奋，像打了鸡血一般。

·对声音、光线、气味变得敏感。

·心境和情绪变得阴晴不定。

·消沉沮丧，对一切都提不起兴趣。

·恐惧感和焦虑感上升，可能会出现如心悸、气短、出汗、胃痛，或胸闷等身体反应。

·铤而走险，服用药物或用其他有助于分散注意力的手段给大脑松绑。例如，食物、酒精、香烟、锻炼或购物等。

探索之旅

你的高贝塔波多久来临一次？
对你的生活有何影响？
如何让脑电波慢下来？

绝地控心术

自我催眠是给"大脑"和"身体"减速的一种方式。如此，全身系统便能高效运转。这将促使我们摆脱"交感神经系统"的控制，转而接受"副交感神经系统"的统率，并从"生存模式"切换至"生活模式"。诚然，一众方法都能有效地帮助我们掌控思想，保持内心平静，让思维变得透彻清晰，更好地领略生活中的快乐，但其中，"自我催眠"无疑是最有效的方法之一。一旦你领悟了进入"阿尔法波"和"西塔波"状态之要领，身体将会获得5倍于睡眠时长的休息。不仅如此，在有助于提升工作效率的能量获得缓冲之际，神经系统也能得以舒缓，压力得以释放。于是乎，你的思维变得更加开阔，你更具创意，也更加放松。这才是大脑喜欢的状态。

（1）冥想与自我催眠的区别

虽然"冥想"与"催眠"属于两类不同的"信仰体系",但二者所描述的心态并无二致——完全聚焦自身内部世界,进行自我审视,得出结论,收获成长。我们可以借助冥想进入催眠状态,让事事操心的分析思维就此止步,并通过减缓脑电波频率,入主操作系统,进入潜意识之海,潜入"母体",最终做出改变。催眠是人们每天都会经历的一种自然状态,因为每一次的醒来和入睡,都涉及"阿尔法波"状态和"西塔波"状态,让我们亲历催眠。

（2）收获强大内心

当我们拉住自身思维的缰绳,内心便更具"韧劲"与"效能","脑力"和"情商"也能迈上一个新台阶。大脑灰质是神经元细胞密集之地,得益于其数十亿之多的神经元细胞来回穿梭,传递脉冲信号,我们才能进行思考、采取行动、做出反应。根据神经学家萨拉·拉扎尔所述,冥想有助于大脑灰质增长,因其在研究中惊喜地发现,与从未冥想者相比,长期冥想者的前额叶皮质（人脑的首席执行官）灰质量更大。虽然,大多数人的前额叶皮质都会随年龄增长而萎缩,但50岁冥想者的大脑灰质量竟然等同于25岁的普通人。为了知道冥想会在多长时间内生效,拉扎尔开展了另一项研究。他发现,仅仅8周,冥想者的脑容量便获得提升,其学习水平、记忆功能和情绪调节功能也大为改善。因为通过冥想,负责调节恐惧、焦虑和攻击等情绪的杏仁核会变小,人们的心态更加平静和理性,可以多角度、全方位看待问题,表现出更强的同理心。正是于冥想的沉默之中，人们才得以领悟寓于内心的无穷智慧。

通过不断训练，人们能够更好地驾驭"阿尔法波"和"西塔波"。训练次数和状态的维持时间呈正比。久而久之，人们便能长时间保持"平衡"状态，哪怕置身嘈杂纷乱之境，依然可以安之若素。心胸更宽广，遇事善变通。虽然自我催眠不能帮助人们消除一切问题，比如无法改变上司，也无法做到"破镜重圆"，但自我催眠的确能够改善心态，增强能力：借我们一双慧眼，看清自己、认识世界，运筹于帷幄之间；予我们无穷力量，伏虎降龙、所向披靡，决胜于千里之外。

黑客信条 27

解套

要想解套，就得先一步学会"自我催眠"。因为自我催眠之时，正是意识和潜意识之间的大门开启之时。隔断二者的那扇大门就是分析思维。自我催眠能帮人们绕过分析思维的密林，进入敞亮开阔的创新世界。在那里，人们可以敞开双臂拥抱一个个奇思妙想，温故知新，同时把那些没用的统统抛弃。要知道，平日里，分析思维可是一个尽职尽责的"门卫"，在新点子能否被接纳方面大权独揽。如果碰巧你的分析思维比较悲观消沉、独断专横，那些登门造访的

所谓命运，其实就是潜意识：
99%的人不知道的母体思维

新点子十有八九就得吃"闭门羹"了。这也便揭示了，缘何某些信息能够轻轻松松地通过分析思维的行监坐守，登堂入室，另一些信息却被围追堵截，拒之门外。处于贝塔波状态，人们不免会对周遭事物分析过头，从而与操作系统（"母体"）渐行渐远，最终越来越难让它做出改变。然而，"惹不起但躲得起"，人们只要减慢脑电波频率，让分析思维暂时停摆，便能潜入潜意识之海，入住操作系统，对之进行重新编程了。研究表明，每天仅需进行15～20分钟的冥想或自我催眠，8周后便能见证奇迹。

成功开启自我催眠的小贴士：

· 潜意识会在一天之中的2个时间段大开方便之门，这时的你更容易触及脑电波并让其频率得以减缓。第一次是早上醒来时，因为此时刚刚经历"阿尔法波"和"西塔波"状态。第二次是夜晚即将入睡时，因为忙了一天，大脑已非常疲劳，亟待休息。你可选择以上任意一个时间段进行自我催眠。

· 如果条件允许，每天可进行1～2次的自我催眠。如若能够每天定时进行，并最终将其变成一项日常活动，那便再好不过了！

· 确保此时不受打扰。关掉手机，同时告诉家人不要打扰。

· 可以戴上眼罩和耳塞，以免受光线和声音干扰。

· 条件允许的话，可在某一特殊场所进行自我催眠。一旦进入这一场所，你便能很快地放松，而且当你落座时，大脑也能很快地集中对内。当然，还可拿蜡烛、鲜花，或用其他让你感到舒适的物品点缀

第八章 欲速则不达

一下。

·自我催眠时，不要躺或坐在床上，因为床是用来睡觉的。你可以坐在椅子或单人沙发上，也可盘腿席地而坐，或是坐在一个舒适的枕头上。记住，要坐直，同时放松四肢。

·如果喜欢来点背景音乐，就播放些有助于舒缓身体的冥想音乐。我有时会在极其安静的环境中自我催眠，有时则会选一些舒缓的疗愈类音乐作为背景音。

·闭上双眼，来几次深呼吸。将注意力转移至内心。闭上双眼时，大量光线便被阻隔在外，这会降低脑中的化学反应，使得脑电波频率自动减慢。人一旦闭上双眼，至少会将80%的来访信息拒之门外。呼吸越深，你就越放松。周围环境的影响越小，你的精神世界会越发明朗，也就更容易感知自身的想法和感受。

·一开始先进行5分钟。若感觉良好，可以逐渐延至20分钟或更长。

·起初，你可能会打盹儿，别担心，这是身体放松的正常表现。一段时间后，你会习惯这种完全放松的状态，而且置身于这种状态下，你也仍然可以腰部挺直。

·一开始，脑海中盘旋的千头万绪可能会让你焦躁不安，这恰恰说明你正处于高贝塔波状态，身体和大脑亟须放松。如果你并未感觉烦躁，却仍不能放松、不能冥想，那么说明生存本能正在兴风作浪。因为处于生存模式下，人们很难做到闭上双眼、享受轻松。此时，活下去才是当务之急！

就自我催眠而言，有美好时刻，也有至暗时刻。有那么几天，催眠能让你很快放松下来，思绪也容易得以平复。然而，也有那么几天，你会感觉着急上火。但无论如何，要坚持下去！因为几周后，你便能觉察到一些细微的积极变化：你将变得更加平静、更加通透、更加平和。

处于艰难时刻，难以放松怎么办？

如果感觉难以放松，且无法控制脑中迸发的千头万绪，不妨试着关注身体的不同部分。如此，便能关掉分析思维，增进你对情绪和身体感觉的体验。情绪是身体的语言，而关注身体，倾听不同部分发出的声音，也有助于压制脑中的千头万绪。例如，你可以从头到脚将身体扫描一遍。扫描每一部位时，都停留一会儿，想象一下这部分占据的空间及其感受。如此一套流程下来后，紧接着，你再从整体的角度体验身体，想象一下身体被"空间"或"虚无"包裹的感受。此时，你已超越自己的肉身，有望体验到悬浮于身体上空，并俯视身体的感受。

神经科学家乔·迪斯本札便通过以上方法开启了他的冥想之旅。迪斯本札及其团队还创造出一个公式，用以对人脑凝聚力的每一次上升进行科学测量。迪斯本札认为，当聚焦于某个物体，或专注于某件事时，人们关注的范围就会缩小，这跟遭受压力时的反应一模一样，即"物质"是焦点。而量子模型则说，现实既有粒子的特性，也有波的特性；既有物质特性，也有能量特性。倘若我们跳出先前关注物质的怪圈，大处着眼，转而聚焦空间和虚空时，自身

"觉知"便能就此开启，助我们超越物质世界，接近量子场，收获超凡能量和无限可能。究其原因，当人们感受虚空、体验虚空时，脑中不再是千头万绪，脑电波频率也能得以减缓，渐渐地，思考戛然而止，分析思维也会中断，此时，便是进入潜意识和操作系统，改变固有编程的最佳时机。于虚空之中，我们与大脑的边缘系统接洽，并与缔造连贯性和平衡力的自主神经系统相连。而自主神经系统，反过来又与显意识联手，为大脑带来秩序井然的祥和气氛。

当然，要想让神经系统更具韧性，我们还可以借助心率变异性训练和心率设备监控训练。感兴趣的话，不妨上网搜搜看，在此就不做赘述了。有了这些方法的助力，你便能轻松地观察自身系统在压力下如何做出反应，知道用什么方法可以让神经系统快速恢复平衡。擅长这一领域的训练师遍及世界各地。

黑客信条 28

思想倾泻

如果经常感到心力交瘁，就该考虑让自己慢下来了。有时大脑过热，是因为它要考虑的事情太多了。太多信息接踵而至，纵使大脑有三头六臂也无力招架。此时，焦虑闻风而动。一旦焦虑入侵，人们往往手忙脚乱，难以将精力集中于某一问题，于是顾了这头顾不了那头，最后精疲力竭却徒劳无功。这时，赶紧把"思想倾泻"

提上议程吧!

拿出纸笔,把头脑中所有的念头都写出来!譬如,那些你担心无法完成的事项和需要完成的事项。但凡正在思考的,全部一一写下来。接下来,看看哪三件事项的完成能助你前进一步。然后,从中圈出最重要的一件,以便集中精力将之完成。对于列出的其他事项,你可以画掉、委托他人做,或稍后再做。本书创作之际,我便是这么做的,像做家务、网上发布消息等事项均被我从待办事项清单中移除了。

黑客信条 29

(1)成为探险者

如果想再进一步,那就探索一下自己的心灵世界。先来快速彩排一下。简而言之,我们可以把大脑分成三部分。

(2)意识或思考部分

大脑这一部分叫作"新皮质"[1]。对人脑来说,新皮质最"年轻",也最"高级",素有"指挥中心"美誉的前额叶皮质也栖息于此。

---

[1] 新皮质(neocortex),英文单词cortex表示"树皮"的意思,而neo则表示"新的"的意思。——译者注

要知道，前额叶皮质可是大脑的首席执行官，不仅在设定方向、确立目标、收集信息、制订计划、集中精力、做出判断和解决问题方面功不可没，还有助于人们做出明智之选，让人信心百倍、阔步向前。只不过，人们每天只能用到该功用的5%。

（3）情绪心智

大脑这一部分叫作"边缘系统"，因其释放的化学物质能够对全身施加影响，也常被称作"化学脑"或"情绪脑"。边缘系统有助于长时记忆的形成，因为人们更容易记住关乎体验的"感受"或"感觉"，而不是体验过程中的那些"事实信息"。

（4）潜意识

潜意识是"爬虫脑"[1]的一部分，由小脑和脑干组成，人们的行为习惯、信念态度和处事风格皆储存于此。潜意识通过将人们所做的一切予以自动化处理，使生活更加简便。人到35岁，独属自己的那套程序基本定型。该程序功能强大，控制着约95%的思想和行为，包括记忆行为、情绪反应、人生信条、态度感知等。不仅如此，一天时间的95%也在"母体"的控制之下。鉴于潜意识容纳

---

[1] 爬虫脑，又称为"本能脑"，负责无意识的动作，并维持生命所需的生理功能，包含呼吸、繁殖、攻击、逃命等。——译者注

所谓命运，其实就是潜意识：
99% 的人不知道的母体思维

了海量的信息和程序，且掌控着一天的大部分时间，显然，试图用5%的显意识去改变已经运行多年的程序，其难度犹如蚍蜉撼树。然而，要想对程序进行改动也并非全无可能，其关键在于能否进入"操作系统"（"母体"）所在的潜意识。进而，就可借助自我催眠，减缓脑电波频率，对母体研究一番，更新相关信息，引导思想、感受以及行为朝我们希冀的方向发展。

处于自我催眠状态之下，人的思考能力和分析能力会受到约束，为大脑不同部分的开启带来契机。伴随着大脑各部分的相继开启，彼此间互通有无，大脑更富逻辑与灵气。由于大脑处于身体控制中心，人们从而更容易发现自己是谁，以及想要做什么改变。当然，也可以借机对于那些限制个人发展且意欲做出改变的感受、习惯、想法、行为、信念探索一番。我与客户打交道时，常常会使用以下小技巧。值得一提的是，神经科学家乔·迪斯本札在其威力无比的冥想中也用到了这些技巧。

自我催眠前，不妨先看看如下问题。

- 在外人眼中，我是谁；在自己眼中，我又是谁？
- 我受哪些思想、感受、行为、习惯，或是信念掣肘？
- 我想改变什么？
- 如何才能走上（或坚持走在）自我悦纳和自我欣赏之路？
- 我想变成怎样的人？
- 我面对谁或什么事时心怀感恩？

（5）运用小技巧的流程

・一次只专注一个改变。选择一个困囿你的思想、感受、习惯、行为。

・闭上双眼，浅浅地放松。只是简单地专注呼吸也能舒缓身心！

・想想你有何感受。当那些不好的想法、感受、习惯、行为，或是信念降临，你会作何感受？同时，注意身体的感觉——体内有不适感吗，在哪儿？将不适感当作能力体验一下吧！

・及时回省思想和感受。这一思想、感受、习惯、行为或信念是如何产生的？当下使用的哪种对策最初源于你以某种方式解读的先前经历，继而成为个性的组成部分？这些想法是确有其事，还是过眼云烟？

・注意自身想法。你如何看待自己或自己的人生？要勇于直面真相。据说，我们看待自我的真实度决定着人生的走向。诚然，敢于从内心和感受上直面自我并接受这样的自己绝非易事。有时，我们并不想知道自己是谁，因为生怕洞悉那个真相，即自己并非自己想象的那么聪明能干、讨人喜欢。可即便如此，我们仍须义无反顾与恐惧正面交锋，哪怕是跟自己交流一下这种感受、倾诉给他人，或是告诉宇宙。对自己有了更好的了解后，就能更加容易地做出改变，轻装前行。现在，你已经撕掉了伪装，重新认识了自己，这无疑是个重大突破。是时候放下恐惧，让负能量撤出你的系统了。至此，恭喜你重获"自由"！

所谓命运，其实就是潜意识：
99% 的人不知道的母体思维

・向自己大声宣告一路的风风雨雨。不需要做什么评判，平心静气地接纳曾被你拒之门外的思想、感受、习惯、行为和信念吧！下一步，喊出你想放弃的，让积压已久的能量一泻而出。即使当前不知道该如何放弃，也要保持信心，坚定信念，心所向，将所成。当然，你也可以寻求帮助，实在无能为力的话，就交给宇宙吧。当然，你要有所行动，不能把一切都寄托于天意，否则就会感觉大成若缺，或觉得自己没能力控制局面。

・观察自己。观察一下，自己在不同情况中受到何种限制？注意一下那些对你产生驱动力的程序（习惯）、触发因素（原因）以及由此带来的结果（感受）。你是如何思考、感受和行动的？

・对自己说："停下来！"

・进行可视化训练。想象自己无拘无束，自由自在。记得保持积极心态进行可视化训练哟！

・心怀感恩，就像预期改变已然发生一样。

通过定期探索自身，你就能了解自己当天的所思、所感、所为，也能在老一套编程出现端倪时有所警觉。如此，你不但能凌驾于反应之上，还有望打破老一套的条条框框。随之，你就能在大脑中铺设出一条脱离潜意识控制的新路，一经踏上，"意识"便会担当向导，指路前行。这便是获知自身"力量"、创造"自由"的方式。

如第三章所讲，定期进行"可视化训练"的人，其脑中可以铺设出新的通路。具体思路如下：首先，虽然事情可能八字还没一撇，但通过可视化训练，可以让自己沐浴在事成之后的喜悦中。其次，调整步伐，争取与可视化训练中的那个人保持一致、融洽相处。渐渐地，你便能觉察现实的改变。你所做的那些内心探索最终会在外部世界得以体现。

可视化训练过程中，保持积极向上的心态确实重要。如果你的想法积极向上，比如"我可以解决这个问题""我很好"或"我很重要"，但是你仍旧感到恐惧、不满，或是不足，那么该想法绝无可能通过脑干传递给身体，因为脑干只传递和身体所处情绪状态一致的信息。由此可见，要想改头换面，还须改变自身的情绪状态。其中，"感恩"便是促成情绪转变的有效方法。

通常而言，人们感恩的往往是那些已然发生的喜庆之事，但倘若将感恩作为一种习惯，在喜事到来之前，就对这个美妙的结果心怀感恩，身体便会相信今天一定会有好事发生。因为感恩的情感特征就是美好的事情已经发生。无论是在"自我催眠"中，还是在"可视化训练"中，如果时刻保持这种积极心态，久而久之，就会对大脑编程产生影响，使之总能以对你有利的方式进行思考，从而铺设出一条通往成功的康庄大道。走在这条道路上，如果你步伐有力、情绪高昂，身体就会提前领略抵达终点的妙不可言，从而让你更加心甘情愿、乐此不疲、以积极的心态奔赴未来。"思想"是大脑的语言，"情绪"是身体的语言，正因如此，我们才有了所谓的"内在状态"。

所谓命运，其实就是潜意识：
99% 的人不知道的母体思维

夜晚入睡前，不妨给自己白天的表现来个小评估。评估时，思考下列问题：你的表现与可视化训练一致吗？第二天，你会有什么变化吗？诚然，改变绝非朝夕之事，要想一改先前造成困囿的思想、感受和行为，你需要坚持训练、百折不挠，重复、重复、再重复，永不言弃，直至成功。不管学什么，"熟能生巧"！无论是想改变某个习惯，还是学习某项新知识，只要不断重复、勤加训练，久而久之，便能形成与之相关的神经记忆。最后，人脑的第三部分——小脑（"潜意识"）便横空出世，将其自动转变成一种习惯或技能。此后，一旦得到触发，便能水到渠成，无须你再劳神费力。

黑客信条 30

改编自身的故事

一旦事与愿违，人们就轻而易举地陷自己于不利之境，急不可待地关注到底是哪一部分掉链子了，罪魁祸首是谁，为何会这样，以及本该如何发展，云云。

闭上眼睛，告诉自己：

- 我失败了，因为……
- 我没有发挥出自身潜力，因为……
- 我过得不好，因为……

现在，不妨扪心自问，你的故事或借口是什么？它算是一个好借口吗？可信度如何？生活中，人们经常编造虚假的故事，告诉别人自己本该如何如何成功，但因为某种原因未能成功。为使自己心安理得，人们还会找借口对没能成功的真实原因加以掩饰。

是时候下定决心，改改那些故事了。想想看，如何才能一改昔日的做派呢？过往的经历中又有哪些可借鉴之处呢？

时至今日，我的故事是：

我是一个敢拼敢闯的人，这与我童年时期总是涉足陌生领域探险的经历有很大关系。我已经对自身的大部分想法和感受进行了重新洗牌。于是乎，我不再害怕探索新领域，也不畏惧学习新知识。因为我很早便知道应该如何照顾自己，所以今天，我能够独当一面，掌舵人生航向。这便是我的"力量"和"自由"。

这就是我的故事。那么，你的呢？

60 秒速览

时不时地慢下来有助于增加脑容量。

短短8周,脑容量便可得以提升。

如果脑电波长期处于高压状态,大脑会压力山大、负担重重,继而失衡。于是乎,我们便死磕问题,而不去寻求解决方案。同时,体内的GPS也会罢工,致使我们茫然无措、迷失自我。

解套。自我催眠可以减慢脑电波频率,使身体系统高效运转。

思想倾泻。写下你担心自己无法完成的事项及你需要完成的事项。然后,圈出你优先要完成的重中之重,先搞定它再说。

成为探险者。当我们推开通往潜意识的大门,进入容纳一切程序的操作系统,便能更好地探讨"我是谁"以及"我想改变什么"的问题。

改编自身故事。想一想,你有哪些差强人意的故事或借口?下定决心去改编吧!

第九章

激活内在的 GPS 系统

我们内在的 GPS 一直处于活跃状态。
它不停地发送信号和信息,告诉我们,前方路况如何,
怎样才能顺风顺水、旅途平安。

所谓命运，其实就是潜意识：
99%的人不知道的母体思维

每个人体内都有一个GPS系统。正是基于这一系统，人们才能辨别是非曲直，明确心之所向。因此，该系统也常被称为直觉、内心感觉、洞见、本能，或是内在智慧。不管采用哪种称呼，追寻的答案和判断主要源自内部，很少源自外部。

情势不妙

伊娃在某一工作岗位干了数月之后，忽然发觉似乎有些不对劲。因为她时常感到焦躁不安，浑身乏力，还会莫名其妙地伤心难过。但是，这个工作可是伊娃一直以来梦寐以求的啊，完全称得上是有起点、有意思、有收入、有作为的"四有"好工作。"工作应该没什么问题吧？难道是初来乍到的缘故？毕竟才干了几个月。"伊娃思来想去，也没想出个所以然。经过我的循循善诱，她很快便意识到，无论是办公场所、上司，或是工作任务，都不适合自己。伊娃渴望做一些教育培训或思想工作，但这类任务在其工作中占比很少。那么，当初为什么选择了这份工作呢？伊娃承认，那是因为这份工作满足了她对头衔、薪资、责任担当和职业起点的所有要求。就这样，"砰"的一下，"真相"应声落地了。究其原因，伊娃的爸爸是个很看重地位和金钱的人。于是，为了寻求爸爸的认可，她也照搬了爸爸的人生信条，但其真正的愿望是做些与人打交道的工作，如当个老师或辅导员。伊娃明白，自己应该找一份真正乐在其中的工作，其内在的GPS也曾明确地向她表示：必须离开这份工作，哪怕对薪水和声望有影响,也在所不惜。毕竟,对伊娃而言,享受工作的乐趣远胜其他。

我们的 GPS 始终活跃

你知道吗?"大脑"和"肠道"源于子宫内部的同一胚胎组织。该组织一分为二,一部分发育成大脑,另一部分则发育成了肠道。因此,将肠道称为人类的"第二大脑"实属自然。研究发现,肠道拥有与大脑相同类型的神经通路,就这一点而言,将肠道感觉等同于"直觉"绝非戏言。不仅如此,肠道还是一套颇为精密的信息采集仪器,正是因其采集的信息准确率相当高,人们才会将肠道感觉与"直觉"挂钩。肠道感觉既涵盖内部信息,也包括外部信息,可谓无所不包。得益于此,人们方能快速分辨出自身感受的好坏。想必大家都体验过那些"我就知道"的时刻吧?处于这一情形,哪怕你没有很多言之凿凿的依据,依然可以快速了解到该做什么、什么时间做。有没有过这种感觉,即事情进展不顺利时,肠道也会出现不适反应?即便一意孤行做下去,迟早也会感叹:要是早点放手就好了!

记得我曾申请过一份久负盛名的工作,其任务、头衔和薪水都颇对我的胃口,但在面试和测试环节,我都感觉肚子有点不舒服。虽然如此,我当时在意这种感觉了吗?显然没有。后来,我成功入职,并因此沾沾自喜了近两个月。可是,好景不长。没多久,我便迎来了当头一棒。这份工作与先前告诉我的情况截然不同。一开始,我还纳闷同事们为何个个谨小慎微。后来才知道,他们是害怕出错,谁让上司是个控制狂,又工于心计呢,一旦出错,那后果简直不堪设想。我越干越觉得糟糕透顶,工作劲头和热情也急转直下,内心满是沮丧。最终摆脱这份工作时,我感到如释重负。要知道,早在申请这份工作时,我的GPS可是提醒过我的,且这一点也在我递交辞呈时进一步得以印证。正如我先前说的,"内在智慧"往往是正确的。

智慧与身体相生相伴。也就是说,身体会不停地根据人们的需求发出信号。如若需要吃东西,身体会发出饥饿信号,胃便咕咕直叫;如若需要睡眠,身体会发出疲劳信号,让人难以抗拒床的诱惑。我们的信号系统一直运转良好,问题是,我们有没有认真地倾听?如若没有,原因何在?

一切通常都要追溯至幼儿时期。那时,我们凡事都听大人的。大人让我们干什么,我们就干什么;让我们怎么做,我们就怎么做。诚然,这本身并没有什么问题。然而,如果父母一直不教会孩子自我思考、自我选择和自我尝试,他们迟早会跟内心的GPS断联。设想一下,一个嗷嗷待哺的婴儿,只要感到饥饿,便哭闹不止,才不在乎是不是凌晨2点呢!但长大以后,他/她就会明白,凌晨2点不是个吃东西的好时间。相反,在家长教育、幼儿园引导、以及学校规章制度的约束下,他/她会逐渐知道什么时候才是饭点。

第九章　激活内在的 GPS 系统

于是乎，内心"食物时钟"的嘀嘀嗒嗒就让位给条条框框了。当然，事情也理应如此，如若不然，人们都遵循内心的 GPS，生活就会乱套了。现在，设想一下……我们是不是也将这一理念贯彻到了生活的各个领域？

我们将家长、老师、上司、当局、专家、朋友和合作伙伴的意见奉为圭臬，对于他们做出的是非曲直、好坏对错、有用没用、聪明蠢笨的论断深信不疑。如此一来，内心 GPS 发出的信号越来越弱，直到后来很难听到了。某个契机，待到我们再度听到时，反而感到狐疑。因为 GPS 太久没有更新，我们已拿不准其导航、定位是否准确。届时，我们会顾虑重重：倘若偏偏就我理解错了，那该如何是好？

还有一个例子。孩子明明感知到了家里的风云变幻，可父母仍佯装一切风平浪静。比方说，父母婚姻亮起红灯，孩子也觉察到了这种异样，却始终没人将这件事放到台面上。即便孩子问起，父母也只是敷衍搪塞道"一切都好"。如此，会令孩子产生困惑："我感觉有些不对劲，可大家却说没事。究竟谁是对的？是不是我的 GPS 失灵了？十有八九是我理解错了吧？"自此以后，他/她便不再相信自己的直觉，失去自己的判断，但凡涉及什么对与错啦，真与假啦，都要听取他人的意见。

殊不知，我们的内在 GPS 一直处于活跃状态，不停地发送信号和信息，告诉我们，前方路况如何，怎样才能顺风顺水、旅途平安。可问题在于：你还能听到它的声音吗？即便能听到，你还会遵从它的指示行事吗？

理解自身信号

你知道吗？身体会在你需要成长时向你发送信号。毕竟变化、发展和成长属于人类的基本需求。当你躺平摆烂时，身体会发送信号，让你感到百无聊赖、无能为力，或是怅然若失。这是你应该有所行动的时刻。而感觉停滞不前恰恰是让你继续前进的信号。此刻，你的内在智慧在说："喂，醒一醒！你需要找找原因！你需要做出改变！"

诚然，这并不一定表示某些地方出了问题。这只不过是个信号，一条信息，告诉你需要有所改变，并继续向前。不寻求发展并体验该过程中的各种变化，定会让人感到枯燥乏味。如果生活过于按部就班，大脑可能会突然萌生对变化的渴求。这可能会让你对这一无法控制的冲动大吃一惊。因为这种渴望打破无聊寂寞的诉求来得十分强烈，必定会在你心中掀起狂风巨浪。此情此景，无论是谁，也无可奈何。我将这类人称为"将领带系在头上开会的人"。想必你知道我说的是什么样的人了吧？就是那个在会议上做了出乎意料的决定，而翌日却为此懊悔不迭的人。

感到枯燥乏味时，人们就像霜打的茄子。这是提醒人们有所改变的信号。每当感觉无精打采时，我会试着做"减法"。具体而言，就是通过排除某些事或人，或是以一个局外人的身份，查看事情的前因后果。这有点像侦探呢！我一直在寻找现象背后潜藏的蛛丝马迹。如若减少与他的接触，尽量少跟他/她打交道，或是不再跟他/她联系，能量会发生什么变化？情况也可能截然相反，即我必须做"加法"。毕竟，有时的确很难弄清能量因何而生，又会因何而灭。但不管用哪种方法，我们都要有点耐心。

"好奇心"和"正能量"也是身体发出的信号。进一步来说，对某事满怀好奇或全情投入，是因为GPS正在对你说"这样做对你有好处""还不够，再多做点"。不妨将之想象成汽车仪表盘上的"oil灯"（机油报警灯），灯亮说明需要更换机油了，否则，发动机分分钟都有损坏的风险。多多倾听内心释放的信号，听得多了，就好理解了。

我曾与一位饱受抑郁症折磨的女性客户打过交道。她衣食无忧、生活不错，所以她也不清楚自己为什么就抑郁了。那时，她正在考虑离婚，她感觉问题可能就出在丈夫身上——或许没嫁对人吧？但终究，真相还是浮出了水面——她自己缺乏历练，与丈夫无关！因为，她多年来无所事事，生活也一成不变，自然感觉这样的日子了无生趣。当认识到问题不在于丈夫和当前的生活，而在于自己需要成长和发展时，她打消了离婚的念头，并以全新的态度对待生活，努力地发展自己，抑郁竟烟消云散。

由此可见，当对自身信号追本溯源时，我们需要一个逻辑清晰的GPS。一旦洞悉这点，你便可以：

所谓命运，其实就是潜意识：
99% 的人不知道的母体思维

- 行动更快，更易达成目标。因为你清楚自己将何去何从。
- 决策更优。为自己打造更好的生活。
- 查看下一步的规划和承诺。
- 提前发现欠妥之处。如此一来，便能先发制人，保护自己的快乐和能量不至于丢失。
- 理解背后的驱动力，以便明心见性，更好地认识自己。
- 理解自己的习惯、诱因、困顿和反应，以便掌握主动权。

GPS 发来信号，你却不敢追随，这是因为新领域发出的挑战让你心生恐惧。直觉可能想引导你找份新工作，搬家去个新城市，或者与聚会上的某个人聊聊天。总之，它想让你走出舒适区，带你进入陌生领域，因为只有在那里，你才能感受波澜壮阔的人生，更好地成长。然而，一直保护你远离危险的内在守护者恰恰不喜欢成长和刺激。假如你的守护者非常强势，那任 GPS 再怎么鼓励，也无济于事。

第九章 激活内在的 GPS 系统

探索之旅

直觉如黄金般弥足珍贵。每当我们无法厘清是非曲直，无法辨明孰是孰非时，直觉一定会帮我们解燃眉之急。相反，借口则会拖后腿，让我们止步不前。想想看，一直拖你后腿的借口是什么呢，恐惧、怀疑，还是茫然，抑或是欠缺时间、耐性、金钱、机会和精力？好好想一想，不要急于行动。要想搞清楚这些问题，必须坦诚地进行自我剖析。

- 写下让你感觉明朗通透的时刻，听从 GPS 指引的时刻，以及内情尽知的时刻。
- 缘何感到百无聊赖、无能为力或怅然若失？
- 哪些领域让你望而却步、不敢涉足？
- 你在拖延什么？
- 如何改变/改善生活，享受更多乐趣，感受更多快乐，以及获取更多能量？
- 你对什么感到好奇？
- 你从哪里获取能量？
- 你感到毫不畏惧时，你会怎么做呢？
- 你拿什么借口为自己的无所作为开脱？

（1）什么影响了你的心态

对很多人来说，压力简直就是家常便饭。压力的来源五花八门，如工作、打扫、购物、洗衣、锻炼、照顾家人、约见朋友……此外，糟糕透顶的老板、不想上学的孩子，或是紧巴巴的经济状况，也会让我们压力山大。不仅如此，来自周围环境和社交媒体的信息源源不断，每天都对我们进行狂轰滥炸；内心忐忑造成的压力也不容小觑——担心自身能力不够，害怕问题无解，唯恐一败涂地，对于未来患得患失。担忧犹如野草，一旦生根发芽，便肆意蔓延，让我们于突然之间六神无主、惶恐不安。作为一种习惯，担忧很早便在我们体内安营扎寨了。与愁眉不展的父母生活，亲历失控现场却无能为力，做事情心有余而力不足等，都可能是担忧的源头。因为置身上述情形，我们往往感觉自身宛若沧海一粟，无可奈何，只能望洋兴叹。担忧具有蝴蝶效应，当你为一件事担忧时，其他担忧就会接踵而至，让你事事担忧。加之大脑青睐担忧，因为这会让它感觉自己一直在做事。不幸的是，这不过是一种幻觉，因为最后什么具体的事情也没做成。

压力、焦虑以及不断涌入的信息会在体内造成混乱，让人无法做到"心境澄明"，遑论倾听GPS的指令了。负责记忆处理的海马体也会因此受到掣肘，让人很难从混乱中梳理出头绪。我曾有过一段艰难时期，那时，甚至连一些稀松平常的小事都无法做主。我感觉生活乱成了一锅粥，由此产生的压力也影响到我的神经系统。要知道，神经系统发挥着内在GPS的功用。作为人体系

第九章 激活内在的 GPS 系统

统的一部分，神经系统包括"交感神经系统"和"副交感神经系统"。当面临心理或身体压力时，交感神经系统就会被激活。换言之，压力会激活身体的"战斗或逃跑反应"，并使之严阵以待。除此之外，当感觉压力山大、被各种信息炮轰时，交感神经系统也会被触发，我们便会战战兢兢，濒临崩溃。如果，你时常感到心力交瘁、力不从心、焦虑不安、无精打采或心不在焉，便要引起警惕了。因为你的交感神经系统很可能已经超负荷。这时，身体会与你针锋相对，让你既无法实现"心境澄明"，也无法访问内在的 GPS。是时候让副交感神经系统出马，为你纾困解难了。因为副交感神经系统之上分布的迷走神经，具有助你重新找回平衡的功能。

（2）寓于体内的航管员

迷走神经发挥着航管员的职责，体内发生的大事小情几乎都要由它把关。作为人体最长的神经，迷走神经实际由两条独立的神经通路组成（从脑干一直延伸至肠道），桥接大脑和身体的一切重要器官，并让它们互通有无。正因如此，它既知晓五脏六腑的感受，也懂得该怎么做才能让它们感到舒服惬意。迷走神经坐拥8万多条神经纤维，这些神经纤维不仅把控各个过程，还参与调节体内几乎所有活动。得益于此，迷走神经便可在综观体内大局的同时与大脑进行会谈，以找到解决一切问题的最优方式。因此，在身体、思想和情绪三者之间进行调停斡旋便成了迷走神经的职责所在。迷走神经还负责关闭"战斗或逃跑反应",帮助我们回归完好如初、怡然自得的状态。可以说,迷走神经在创造安静、幸福和平衡的身体状态方面发挥的作用是其他成分无法比拟的。你知道吗?肠道和心脏若要与大脑进行交流,也需要通过迷走神经才能实现!所以,当我们说"相信你的直觉(肠道感觉)"或"倾听心声"时,其言外之意是,应该倾听,并相信我们的迷走神经!

迷走神经的运作方式还可以遗传呢!如果孕妇感觉抑郁烦闷、愤愤不平,或者焦躁不安,其迷走神经便萎靡不振,而这也会牵连到腹中胎儿,导致其体内的多巴胺和血清素水平降低。想必,你已经对迷走神经的重要地位心领神会了吧!那就悉心呵护你的迷走神经吧,以便让它恪守职责。很快你将领略其奥妙所在。

绝地控心术

想象一下,一辆满载乘客的汽车,车上有两个大人、三个孩子、一条狗,车的音响音量还调到了最大。在这种情况下,这一车人可能很难听到汽车 GPS 发出的语音指令。人生亦如是。我们整天都在为生计疲于奔命,并做着大大小小的决定。下班回家后,还要应对家庭琐事,照顾一家老小。当一切安置妥当,你虽仍旧拥有一些属于自己的时间,但此时神经系统依然在极速地狂飙,让你无法找到内心的 GPS,无法分类,无法专心,亦无法发挥创造力。

然而，一旦厘清心中的千头万绪，你便拥有了遵从内在智慧指引的能力，而这个内在智慧恰恰是内在 GPS 良好运作的坚实基础。通过拓宽心灵缓冲空间，我们变得耳聪目明，而且能更好地洞悉事物的规律。要知道，身体状态的好坏和基于内在智慧的倾听能力与行动能力休戚相关。

许多刺激迷走神经和副交感神经系统的手段，都可以帮助人们减缓压力，让内心更加平静放松，从而聚气凝神，更好地听到内在 GPS 发出的指令。下列"黑客信条"简单易行，经科学证实，在刺激迷走神经和激活副交感神经系统方面卓有成效，能让身体平安着陆，让系统高效运作，有效拓展心灵空间，助你更加清楚明白地看待问题。不妨每个都小试一番，然后至少每天践行其中的一个。

黑客信条 31

呵护你的迷走神经

·电子戒断。定期跟电视、新闻和社交媒体说再见吧。你可以自由安排电子戒断的时间：或许在每天特定的时间段过后，或许是每天下午，或许是每周抽一天时间……总之，适合的便是最好的。当你不再对着电子屏幕时，你会做什么呢？

所谓命运，其实就是潜意识：
99%的人不知道的母体思维

·森林浴。当今，"森林浴"大有蔚然成风之势。考诸其源头，可以追溯至日语"shinrin-yoku"一词，意思是"调动一切感官汲取森林的馈赠"。森林浴有助于人们从全新视角体验自然，从而拥有更多存在感。多项研究表明，沉浸于大自然、呼吸新鲜空气具有神奇的魔力，不但可以降低体内的皮质醇（一种压力荷尔蒙）含量、调整身体机能，还有助于改善情绪，提升愉悦感。所以说，赶紧去林间走走吧。记住，一定要安静地徜徉林海，最好独身一人。当然，让狗狗做个伴也行。

·工作间歇。作家蒂姆·费里斯曾围绕"成功诀窍"这一话题采访过近200位行业大咖。这些受访者不是亿万富翁、超级偶像，便是举世瞩目的企业家。随后，费里斯将采访所得总结荟萃，并融入其著作《巨人的工具》。猜猜看，80%的受访者，每天都在做什么？答案是：冥想或做某种正念练习。诚然，我们每天都忙于处理各类信息，能引导意识从中抽身出来关注当下足以算作一项重要技能了。其实，放松身心、体验当下对我们大有裨益。工作间歇在改变心理状态方面可谓立竿见影，分分钟让人茅塞顿开、耳聪目明。每当我感到脑中千头万绪时，就会冲个澡。只消几分钟工夫，就能把飘飘荡荡、游移不定的思绪拉回当下，思路也随之清晰明朗。犹如醍醐灌顶一般，突然就知道下一步该怎么做了。想想看，做什么事有助于你感到镇定自若、聚精会神、眼明心亮呢？此外，安安静静地待上20分钟也是个可圈可点的工作间歇。无论静坐、冥想、写感恩日记，还是伸伸懒腰……只要能让自己心无旁骛地专注当下，不做其他事情就行。

第九章 激活内在的 GPS 系统

·呼吸。进行5~10轮缓慢的深呼吸，就会为神经系统带来奇迹。因为深呼吸具有激活迷走神经、抑制应激反应之功效。在一众的呼吸法中，我最喜欢"盒式呼吸法"或称"4—4—4呼吸法"。第一步，吸气5秒；第二步，屏息5秒；第三步，呼气5秒；第四步，屏息5秒。如此循环5轮。

·动起来。运动能够刺激迷走神经，在放空大脑方面效果也很棒。一般而言，10分钟左右就能见效，但条件是，要让脉搏加速跳动起来哦！

·热水浴。洗热水浴不仅可以刺激迷走神经，还能加速血液循环，进而平衡神经系统。洗浴时，记得在浴缸里倒一些浴盐，关掉手机，美美地沉醉其中。说不定，你的那些奇思妙想便由此迸发了呢！

·冷水20秒，热水10秒。前不久，我曾与"冰人"维姆·霍夫有过接触。他饶有趣味，人也很朴实。我们一起洗冰浴，还结伴徒步旅行。交流中，我惊讶地得知维姆也一度深陷抑郁的泥沼。由于妻子自杀身亡，留下四个年幼的孩子，维姆又当爹又当妈。其间，抑郁找上了他。但维姆并未就此认命。相反，他着手探索心态增强之法，以助自己走出抑郁的泥潭。渐渐地，维姆觉察到，如果学会在寒冷中掌控自身，便能在其他领域轻松驾驭思维。现如今，维姆的"冷水浴"和"呼吸练习"已使他享誉全球。正是基于这些练习，维姆的身体和思维才能在挑战面前游刃有余。凭借其特殊本领，维姆摘得了包括在冰水中浸泡近2个小时在内的26项世界纪录。领略了各种寒冷极限的

所谓命运，其实就是潜意识：
99% 的人不知道的母体思维

维姆也吸引了一大批研究人员的关注。如今，他正积极地配合研究者开展合作，以期共同探寻精神疾病的解决之法。在我看来，维姆·霍夫最棒的一点在于他的态度：我能做到，你也可以。

· 我也进行受冷训练，尽管达不到维姆·霍夫的程度。每天清晨，我都会进行5分钟的冷热交替浴。开始时，我会先让臀部接触水流，然后是一条腿，接着是一只手臂，最后是敏感的胸部区域。如今，我已经爱上了这一晨间例事。因其能够刺激我的迷走神经，助我一整天都能量满满、高效工作。有时，我也会交替采用20秒冷水与10秒温水切换的冷热交替浴，重复10轮，共计5分钟。当然，你可以从5秒冷水与10秒温水的交替开始，并在循序渐进中延长冷水冲刷身体的时长。注意：冷水不一定非要冰冷刺骨，只要可以真真切切地感受寒冷便足矣。冷水浴具有以下诸多优点：增强免疫力，减少炎症，改善情绪，提振精神，增强身体抗压能力，清晨醒得更快且更加健康向上，更好地应对压力，降低血糖，减少吃垃圾食品的欲望，增强肾上腺功能，增强甲状腺功能，改善睡眠质量，增强耐痛力，加速脂肪燃烧，增强动机。

· 享受乐趣。与心爱之人待在一起也会刺激副交感神经系统。你可以和他/她约杯咖啡，或是一块外出赏玩。这时，你可不要向他/她大倒苦水，只去关注一件事——享受快乐。当然，也可做一些悦己之事——那些让你精神焕发、感觉时间飞逝的事情。

黑客信条 32

终结扣人心弦的故事

根据"蔡格尼克效应",人们对于尚未处理完的事情,比已处理完的事情印象更加深刻。因为某些事情一经开始,大脑便强烈地希望最终能够画上完美的句号。如果迟迟完结不了,大脑就会卡在那里,于是乎,侵入性思维便忙不迭地提醒认知系统:还有任务亟待解决!因为人们天生就有一种办事有始有终的驱动力,只有把任务完成,才觉得神清气爽、如释重负。这一效应也解释了,缘何相比已完成之事,未做之事更让我们后悔不已。再比如,当悲伤满怀时,我们似乎不在乎与某人一起经历的种种,而更在意有什么话未能对他/她说、什么事未能跟他/她一起做。

于是乎,深谙这一概念的电视制片人便将之融会贯通,继而创造出所谓"扣人心弦的故事"。在电视节目即将迎来高潮时,戛然而止,空留观众对下一集的情节牵肠挂肚,并等待整整一周。毕竟,大脑想给这个故事画上句号嘛。

为一些事情画上句号吧。无论是一项任务、一段关系、一个发酵已久的面团、一个习惯,还是一个象征性的结束。结束方能安心。

所谓命运，其实就是潜意识：
99% 的人不知道的母体思维

黑客信条 33

先定个小目标

与客户交谈时，他们时常会问这个问题："我能听到自身 GPS 的信号指令，可我该相信它吗？"之所以不敢相信是因为太久不用了，当然也就没有太多证据证明其准确度。不过，你会渐渐知晓，内心 GPS 发出的指令始终值得信赖。不妨先定个小目标，围绕日常事务一步步来。具体而言，倾听内心感受，按照其指令做些小决定。譬如，想吃点什么？想看哪部电影？该参加那个派对吗？这个人可以让我元气满满吗？

之后，循序渐进地增强难度。对了，这些小决定、小目标全部具有强化信号系统的功能，可以让内心 GPS 发出的信号越发清晰。如此，你便能解读信号背后蕴含的信息，堆砌出一方信任的高塔。

当一个人开始从命于"直觉"时，他／她可能对于由此衍生的结果惴惴不安、诚惶诚恐。如果我跟着直觉走，结果会如何呢？于是，他／她可能产生如下想法：我必须先鼓起勇气。一旦陷入这一思维循环，不妨试试本书第四章提及的"5秒法则"，并使之作为开端。毕竟，等勇气就位，一切都为时晚矣，不行动，哪来的勇气？5、4、3、2、1，走起！

起初，厘清信号之间的区别可能让人束手无策。譬如，对某个人或情况避而远之的信号是出于恐惧还是内心 GPS 发出的？信号因人而异，因此只有本人才有可能厘清信号之间的区别，知道它代

第九章 激活内在的 GPS 系统

表的是恐惧还是洞见。别担心，很快你便能判断不同信号之间的差异。当 GPS 发出一切正常的信号时，你会感到或镇定自若，或安静闲适，或心潮澎湃。如果心生恐惧，身体的某一部位便会发生震颤，并伴有惴惴不安的不适感。

你要明白，先前曾为你冲锋陷阵、遮风挡雨的信号此时可能不再为你效力了。如果你对那些一度欣喜不已的事情感到兴趣索然，说明该尝试点新东西了。这才是生活该有的样子。当然，你也不妨扪心自问：我是否正在为躲避实际问题而转移注意力？这份工作是否能够让我感到快乐？我选择改变是否在于，它可以给我能量，并召唤我为之呢？

起初，找到内心的 GPS 需要费些时间。当你不明就里、缺乏自信时，不妨使用一个小技巧，即对自己说"我考虑一晚再说"或"让我周末考虑一下"。时间可以使一切尘埃落定。

黑客信条 34

60 秒决定

想时常保持心境澄明的状态吗？抓紧试试"60 秒决定"吧。如果忧思过虑，或为拿不定主意而焦灼不安，你永远没有可能冲出起跑线。花 60 秒做一个决定吧，这不仅有助于你快速前进，而且还能让你建立起对直觉的信任。

> 所谓命运，其实就是潜意识：
> 99%的人不知道的母体思维

此时此刻，如果你可以做出一个决定，不妨花60秒考虑一下。在此期间，可借助一切可用的数据帮助你形成决定，如若不然，就寄希望于直觉和个人经历吧。但无论如何，一味拖延将一事无成。纵观全球最成功的那些首席执行官，他们很多人都对模棱两可的问题高度包容。换而言之，即便掌握的事实资料不够完备，抑或摆在面前的信息相互冲突，他们也会毅然决然地采取行动。人人都应具备这一优良特质，因为一旦你将所有情况悉数考虑一遍，机会可能早已不翼而飞了。

因此，将需要完成的任务列一个清单，并设定好实施时间吧。

黑客信条 35

制定备选方案

一旦将那些为拒绝改变而编造的借口清理殆尽，你便可以创建一份备选方案了。毕竟，当下提出一个解决方案算不上是明智之举，因为此时的方案往往并非至臻之选。如果你已有备选方案，不妨直接拿来就用，但很有可能，你倾向于选择一个更为上乘的替代方案。

可以创建一个"如果……那么"的列表，将你的备选方案罗列其上。如此，下次你要再为自己的止步不前寻找借口，或不遵循自身GPS行事时，这些备选方案便会举起抗议的大旗。除此之外，如遇需要执行的任务过多，让你感到身心俱疲、惶恐不安、压力重重，或茫然失措的情况，或者你压根儿就没盘算好下一步该怎么走时，这些备选方案也可能会派上用场，助你一臂之力。制作清单时，请尽量使之简单易行、通俗易懂。如此，当借口突然弹窗，你便知晓该如何应对。

- 如果感觉无精打采，那么就先散步5分钟。
- 如果不想大扫除，那么就先把一个地方整理好。
- 如果觉得没有时间，那么就在日历上规划一下时间，先把要做之事做完。
- 如果某项任务过于繁重，让人濒临崩溃，那么不妨先把其中的一小部分搞定。
- 如果认为自己无力完成，或是尚未准备就绪，那么就倒数5、4、3、2、1，然后毅然决然地投身行动。

60 秒速览

内在的GPS不断给我们发送信息，告诉我们前方路况如何，怎样才能顺风顺水、旅途平安。

如果感到百无聊赖、停滞不前、拖泥带水、茫然无措或失魂落魄，不代表你有什么问题。这只是一个让你做出改变的信号而已。

好奇心和能量也是内心发出的信号。如果内在的GPS认定你将从某事中受益，那你应该多多为之。

保持洞见、理解内在的GPS是一项可以通过培训获得的技能。

呵护你的迷走神经。

终结扣人心弦的故事。对于那些本应完成之事，大脑会不断提醒你将其完成。赶紧将之终结吧。

先定个小目标。倾听内心感受，做一些小决定。然后，逐步增加难度等级。

60秒决定。此时此刻，如果你可以做出一个决定，不妨花60秒考虑一下。相信你的直觉。

制定备选方案。制定一个解决方案列表，可帮你日后选择更好的替代方案，免得因没有方案而躺平摆烂。时刻准备拿出这张清单。

第十章

跟着能量走

激情,不因人而生,不因地点而生,也不因目标而生。
激情是一种内在状态,是自身的能量。
能量和好奇心可以帮你找到它。

当世间万物无法在心中激起涟漪，我们便感觉百无聊赖。于是乎，为追求一丝新鲜感，有人会购置新车，有人会另觅新欢，有人会装修房子。然而，当新鲜感渐渐退去，我们又回到穷极无聊的老路上了。人们总是欲求不满，而许多人恰恰于此时按下了思索自身"激情"和"目标"的开关。因为灵魂需要在路上，灵魂需要去探险。

伟大的激情

"你将来想做什么？"时至今日，我仍然记得第一次被问及这一问题时的反应。当时，我完全愣住了。因为通常来说，我们从未，或者很少思忖内心的想法。对我们而言，什么可以算作冒险呢？什么又算得上是激情呢？终日里被生活裹挟而忙得晕头转向，我们甚至腾不出空当考虑上述问题。当然，没有考虑的另一个原因是，我们觉得这些问题或许压根儿无解。至少，我曾这样认为。

问题是，我们凡事总想从高处着眼，热衷于追求"伟大的激情"，认为唯此才能证明生命的意义，唯此才能开启波澜壮阔的愉悦人生。但倘若我们去芜存菁，脚踏实地，激情之轮廓反而愈显清晰，成为我们可以触摸、可以付诸行动的具体事件。

- 激情不是终点。激情，不因人而生，不因地点而生，也不因目标而生。激情是一种内在状态，是自身的能量。激情是一种因与他物相结合而逐渐丰盈的感受，是一种因嗅得先机而近水楼台先得月的快慰，是让我们感到兴高采烈、喜上眉梢且思如泉涌的雀跃。所有这些感受和状态都是内心发出的正确指令。

· 不必非要等到明确心之所向才迈步向前。许多人都将寻找激情作为人生的头等大事。在步入心理导师这行之前，我也曾执着于追寻激情的脚步，希冀循迹找到奋斗的目标。我绞尽脑汁、苦思冥想，虽满腔激情，但始终没有用武之地。因为那时，我也像大多数人一样，笃信会于"灵光乍现"之时，自然而然地洞悉自己的使命。然而，这纯属谬误。激情不是能够寻得到的，需要我们去栽培、去呵护。激情始于好奇，毕竟兴趣是最好的老师嘛！随着循序渐进、渐入佳境，你将见证由"兴趣"至"热爱"，并至"激情"的终极蜕变。于是，在激情之力的驱使下，你自会严于律己，不畏挫折，无怨无悔地为之奉上真心。

· 不能带来好处的激情就一文不值？非也。做事有激情只是说明该事适合于你，但激情与利益并无半毛钱关系。

替换"激情"一词

如果将"激情"一词替换成"能量"，会如何呢？扪心自问："何时我会精力充沛、活力满满呢？"有些活动，有些人，以及有些情形会赋予我们能量。如果你正在寻觅能量的源头，且让好奇心充当向导的话，你定能循迹找到激情之所在。

可以如第九章所说，先遵循内在的GPS找到方向，继而就会发现能量之源。一旦决定着手行动，你要先厘清复杂的路况。穿过艰难的九曲回肠，慢慢地，道路会变得豁然开朗，目标也会一览无余地呈现在眼前。但是，一路上会遇到怎样的风景，是风和日丽还是狂风骤雨？我们都无从提前预知。不管怎样，出发再说！因为答案，就在路上。

无须找到合适的那一个

人们常常将激情归"一"化，就像合适的伴侣只有一个，可交付真心之人只有一个，或是一生挚爱只有一个。如果将"激情"一词换成"能量"，情况可能有所不同，即能量的来源可能不止一种，甚至一些稀松平常的小事都满载能量。如此思考，你就不再认为伟大的激情是唯一的，寻找它的压力也就烟消云散了。

不必知道"如何"

大多数情况下，人们会在"如何"让激情变为现实这一环节上

第十章 跟着能量走

投入过多精力。而实际上，首要问题应是下决心去做，而不是"如何"去做。譬如，你正在为是否需要换个工作而愁眉不展。此时，不妨先将"决心跳槽"视为第一步。随后，便可考虑递交辞呈的最佳时机及如何落实推进这一计划。与其优柔寡断、止步不前，不如尽快下定决心，因为瞻前顾后会耗费能量，让大脑倍感压力。而一旦下定决心，就可将剩余的一切交由时间——时间会告诉你如何去做，何时去做。

寻迹能量。一旦感到某个决定能够赋予你能量，就对其大开方便之门吧。相反，倘若某一决定正在吞噬你的能量，就尽快下达逐客令，将其驱离。如果某项任务有助于能量提升，不妨多做一些。哪怕一时摸不着头脑，也无妨，且行且寻觅，因为你想知道的"如何"可能就在沿途的某个地方。追随能量，你会找到心之欢喜、心之愉悦。要是能够创造能量，那就更加精力充沛了，此时，不妨考虑一下更换掉那些不适合自己的决定。毕竟，精疲力竭之时，是很难有所收获的。由是观之，创造能量是起点所在。只要多尝试，假以时日，便能找到助你迈步向前的线索。正如第六章所言，搭建乐高时，要一个一个来。摆错位置又何妨？那也是一种宝贵的历练。由此可见，不明所以通常不是什么问题，但原地不动、只想不做的话，问题可就大了。

好奇心也是一种能量。反观己身，我所做的很多事情都不是为了达成某个目标，而是受到好奇心的驱使和机遇的加持。没错，激励我前进的并不是目标！正如我在第六章谈到的：目标通常是内心意欲成就的一种心理架构。但这真是我们孜孜以求的吗？有没有可能，我们只是为了让自己快乐而为之？那目标实现后，发现自己并未获得预期的快乐，又当如何？其实，人们心心念念的往往在于实现目标的感受，而获得这些感受的方式五花八门。如若不知变通，拘泥于某一具体目标，即使邂逅更好的机遇，我们也会视而不见，错失百尺竿头更进一步的良机。当然，这并不代表没有目标就没有风险，而是提倡大家随机应变，因时因势对目标做出调整。那么，你当下追寻的具体感受是什么呢？如果可以，是否愿意换条路子体验它？

　　贴近实际的目标，便是好目标。例如，每天走一定数量的步数；再比如，每早定时起床，并执行晨间例事。这类目标为我们提供了一个可供参考的标准，确保我们能够按计划有序进行。如果是尚不明确该何去何从的愿景目标，如成长和发展，跟随能量和好奇心可能是上乘之选。与设定目标相比，这一选择往往更加趣味盎然、鼓舞人心。

　　于个人而言，我已经改变了看待问题的视角，即将"激情""目标"和"目的"变更为"能量""好奇心"和"机遇"。这为我的旅程增添了更多快乐。因为我既不会对快乐和满足浅尝辄止，也不会因目标未果而失望自责。通常情况下，我会独辟蹊径。寻条小路，拾级而上，可能领略更美的风景。记住，无论陷入困境，还是觉得百无聊赖、疲惫不堪，抑或感到无能为力、怅然若失，都不代表你哪里做得不对，这些状态只是在提醒你：是时候迈步向前了。

第十章 跟着能量走

无须直来直去

我喜欢作家伊丽莎白·吉尔伯特写的那个关于手提钻和蜂鸟的故事。实际上，她描述的是两类人。手提钻型特质的人超级注重目标，他们就像手提钻一般，竭尽所能打通一切，直至实现目标。这类人注重效率，也能干成事，但做起事来过分痴迷、一意孤行，且喜欢大呼小叫。

蜂鸟从一棵树飞到另一棵树，从一朵花飞到另一朵花，这里尝一点儿，那里尝一点儿，不仅创造出丰富多彩的生活，还通过异花授粉给世界平添了一抹亮色。它们把一个想法带到下一个地方，每到一处，便学习一点。然后，齐聚一处，共享所学，继续奔赴新的目的地。如果你继续沿当前道路前进，终有一日，会发觉自己恰恰置身"正确"之地，与正确之人结交，生活在正确的城市，或从事正确的项目。如果你如蜂鸟般，让好奇心为你带路，便能抵达激情的栖息之地。不那么按部就班、循规蹈矩的生活方式，说不定还能成为你的一种优势呢！

探索之旅

诚实面对心声。当你设定一个目标或满心好奇地调查某事时，问问自己：它是当务之急吗？我准备做出改变了吗？我愿意为之付出吗？比如，若把减肥视为目标，那需要考虑：我愿意改变饮食，并积极锻炼吗？再比如，若想创业，就需要考虑一下这个问题：我愿意头几年少赚点，并把大部分时间花在公司事务上，以便在业界站稳脚跟吗？在确定优先事项时，务必开诚布公。如果某事举足轻重，那处理它的时间、能量、机遇便会驭风而来。相反，如果某事并非当务之急，它便不值得你费时费力，赶紧丢弃止损吧。请将那些可以给予你能量和让你孜孜以求的事项甄选一番。然后看看，你是不敢改变呢，还是不愿改变？

- 你想改变什么？
- 你想学习什么？
- 什么能够给予你能量？
- 什么让你心生好奇？
- 你愿为成功付出什么？
- 哪些事项并非当务之急，可以弃之不管？

现在，把你的目标分解成一块块的乐高积木吧。想想看，你可以放置的第一块积木是什么？记住：探索一番，然后，让能量和好奇心为你带路，出发！

🔵 绝地控心术

<u>激情是身内之事，因此不要试图从身外找寻激情。相反，我们还应适时释放体内已经蓄积的"能量"。开始时不知道答案没关系，因为这不是一个必要条件。</u>

黑客信条 36

将一扇扇门开启

哪些人、哪些事、哪些活动会使你能量充沛呢？可能是云淡风轻、怡然自得的轻松愉悦，抑或是积极拓展探索空间，并发现更多机遇的欢欣鼓舞。迈出一步，呈现在眼前的也有可能是你不想看到的。这时，留意一下，看看自己是否感觉身心交瘁、精疲力竭、无能为力、心事重重、停滞不前，或百无聊赖？

如若没有，不妨一探究竟。探索本身仿佛一场大冒险，相当跌宕起伏、扣人心弦。你要允许自己去探索那些觉得对的兴趣、话题以及领域。不要总是思考、踯躅不前了，一味地思考只会困囿你。要知道，人们很容易陷入这样的思维误区：看，我在规划未来，说明我掌控局势,并奔赴目标。与其不停地谋划未来,倒不如踏上探索的征程。探索过程中,你不必追求突飞猛进、大有作为,一次放一块乐高积木就好。毕竟,一事精致,足以动人。如此,无论结局如何,你都将收获成长,领略别样景致。

你能否停止"我需要……,才能……"之类的说辞呢?我需要换份工作,才能获得灵感。我需要找个伴儿,才能感觉幸福。我需要瘦10公斤,才能感到满意。我需要买个更大的房子,才能彰显我的成功。如果我们渴求某一具体的结果,秉持"如果这样做,便会产生相应结果"的理念,那么一旦事与愿违,我们就会变得焦躁不安、心灰意冷、伤心不已。当摒弃"我们需要快乐"的臆想,秉持"只有一个结果也算数"的观点时,我们便推开了一扇扇崭新的大门,继而感到春光明媚、风月无边。能够给予我们这种感受的不限于工作、伴侣、减肥或者新居,任何让我们感到快乐、满足、安全、平静或精力充沛的事情都能带给我们这种美妙感受。

如果有什么特别想做的事情,为它腾出时间吧。不必非要条分缕析地论证一番。谁说我们一定要从爱好中获利呢?拥有一份固定的工作,并于空闲之际享受爱好,也未尝不可。毕竟,世上压根儿就不存在完美的工作,即使这份工作使你心怀激情、摩拳擦掌。想想看,纵有满怀激情,你也不可能每天清晨都能从床上一跃而起吧!

你是凡事都喜欢追名逐利的那类人吗?运动不仅要有趣,而且也必须有效?要知道,"如果爱好无法使你谋生,那便不值得去做",这句话是骗人的。"只"感受喜悦,便大有裨益。因为能量便蕴藏于喜悦之中,于此,你将成为一个更快乐的人,一个更好的父/母亲、一个更体贴的伴侣、一个更仗义的朋友,以及一个更有温度和温情的人。

黑客信条 37

成功公式

眼下,你已明白,能量从何而来或激情所为何物。然而,要想成功,仅凭这些还远远不够。单靠埋头苦干不一定能确保成功。素有最具科学性之称的 Hexaco 人格量表指出,成功与否取决于四个方面。在成功公式中,努力只占 25%;而成功离不开剩余 75% 的襄助,如下所示:

- 25% 的努力。为实现梦想,你愿意投入多少时间?如果无法满足某项任务的时间要求,就需要改变目标或时间表。倘若你不想投入时间,那便放弃这一想法。

- 25% 的完美主义。不必一直奉行完美主义,也不必力求八面玲珑、面面俱到。然而,一旦遇上关乎己身的大事,反复检查,确保一切井然有序,实属必要。

- 25% 的规划。每天清晨花 10 分钟规划一天吧。这样一来,你便能保持专注，实事求是地规划轻重缓急。

・25%的良好判断。制定正确决策的能力更加重要。此时，我们不仅需要"心境澄明"，还需要内在的GPS担当向导。如果你已成功地执行前面的三条，却仍难以制定正确的决策，目标仍遥遥无期，那么不妨翻翻第九章中关于激活内在GPS的小技巧。然后，你或跟随直觉的指引，或向榜样学习，或将求助于网上的免费资源。

黑客信条 38

一份愉悦清单

有时，我们搞不清自己是谁，想要什么，青睐什么，什么会让自己心满意足，我们又能从何处获得能量。于是，我们便避重就轻地将目光投向普罗大众，效仿他们设定的目标：金钱、伴侣、新工作、新居或旅程。我们笃信，一旦实现这些目标，便能收获幸福和快乐，因为这在他人身上是行之有效的。在我看来，与其照搬套用那些"老皇历"，倒不如挥舞想象的大旗，制作一份独属于自己的快乐清单。现在，就请制作一份清单吧，并在上面列出让你心生喜悦的事情。哪怕是再简单不过的小事也算哦。

・我有一个空闲的下午。

・我每日的待办事项清单上不超过三件事。

- 我早上进行了冥想。
- 我每周锻炼两次。
- 我可以静下心来给孩子读睡前故事。

黑客信条 39

（1）90天任务

如何从以下列举的选项中感知能量？哪些你想多做，哪些你想少做？怎么做才能改变各个方面的能量？

- 健康（身体和心灵）
- 爱与联系（家人和朋友）
- 玩乐（休闲和爱好）
- 工作（事业和财务）
- 灵性（灵魂、成长和贡献）

未来的90天内，你想实现什么目标？你对什么感到好奇？眼下的当务之急是什么？考虑完上述问题后，选择一个方面和一个步骤，享受前所未有的积极改变吧。注意哦，一定要具体。比如，像"我应该努力保持健康"则行不通。努力只是你的一厢情愿、一个愿望。相反，你应该做如下观想：每天做哪一件事能让自己更加健康？

你需要优先考虑：一个领域，一个目标，一个愿景，或是一个步骤。如若目标太多，眉毛胡子一把抓，可能难以招架。这很像同时翻新一整栋房子。虽然每个房间都修补了一点，但最终没能把整个房子修缮完毕。因为一心多用，会使效率大打折扣，这一观点也同样适用于目标和愿景。

不妨给你的90天任务设定一个主题，从中总结出你对这一任务的承诺，并时刻提醒自己目标就在不远处。每天清晨，你都可以通过"可视化训练"想象自己该如何行动，如何感受，你为自己感到多么骄傲和自豪，以及90天过后会有何感受。

（2）为什么刚好90天

过于遥远的目标，很容易被忘记；战线拉得太长，动力就会不足。如果觉得时间尚属充足，人们就会将任务一推再推。窥一斑而知全豹，现在，你一定知道年度目标为何总是难以实现了吧？但是，周期太短的目标，通常也很难实现，因为人们往往会高估自己的能力，以为一个月内完成这个任务犹如探囊取物。如此，便会疏于目标管理，加之日常琐事会占用大量的时间，最终致使目标发生偏离。然而，90天刚好是一个合理的时间段。

（3）关于"90天任务"的额外提示

通常情况下，人们的注意力和能量水平会在早上处于峰值。因此，当你朝着90天迈进时，是否可以利用清晨的时间倍速前进呢？

60 秒速览

激情不会自发出现，亦不会想一想就有；激情需要悉心培养。激情就是能量。请追随自身能量和好奇心的指引。

问对问题。何时感到精力充沛？确定你想深耕的领域。少在消耗精力的领域打转。

开始时不知道答案没关系，因为这不是一个必要条件。

将一扇扇门开启。探索本身，仿佛一场大冒险，跌宕起伏、扣人心弦。你将在沿途发现那些感觉对的事。

成功公式。25%的努力，25%的完美主义，25%的规划，25%的良好判断。

愉悦清单。不要套用他人的目标。制作一份独属于自己的清单，并在上面列出让你心生喜悦的事情。

90天任务。在接下来的90天里，你想实现什么？选择一个领域，一个目标、愿景，或是一个步骤，体验一次前所未有的积极改变吧。

第十一章

心智

心脏如大脑,能帮助我们领略更深层次的智慧。
深入内心,你便能与内在的那个超凡脱俗的自己建立连接。

"此心安处是吾乡"。心，爱与魔力的栖居之所；心，天真无邪时的伊甸园。从心出发，一切皆有可能；随心而行，梦想落地生花。心是万千奇迹的诞生地，它足以配享著书立传的待遇，因此，不妨暂且先通过本章一窥心的智慧。

当今社会，人们高度注重大脑，却忽视了心脏的重要性。对很多人而言，心脏是一个将血液泵送至身体各个器官的"机械装置"。然而，心脏的作用远不仅限于此。1991年，研究人员发现，心脏中约有四万个特化细胞，又称"感觉神经突"。这些细胞具有脑细胞一样的功能，不但可以进行思考、记忆，还能独立制定决策。实验证实，心脏也可以从经验中学习，而且其行为完全不受大脑钳制。

心脏是人体内最大的电磁场发生器，体内一切均在其辐射范围之内。心脏拥有的磁分量是大脑磁场的5000倍。利用灵敏度高的磁力计，人们可在几米开外读取心脏的磁场强度。此外，从心脏到大脑的神经纤维要大大多于从大脑到心脏的神经纤维，所以人们能从心脏感知到海量信息。借助"迷走神经"，大脑和心脏实现了无缝对接，因此大脑获得的很多指令其实出自心脏。

神经心脏病学家和研究人员认为，心脏发挥的功能和大脑一样，而且心脏会通过其高深莫测的智慧帮我们拨云见日、指点迷津。假使人们可以搭起连通大脑和心脏的桥梁，并将二者的智慧为己所用，便能开启通往超凡（或神秘）之境的大门。实际上，这些体验早已蕴藏于人们日常的洒扫应对、柴米油盐中。不论其他，仅凭心脏的力量，人们就可以获取直觉，接触潜意识，感知未来，加速学习进程。西方人习惯倾听"大脑"的声音，以至于有时难以触及心灵，聆听"心声"。但倘若可以与心脏建立联系，领略其智慧，人们又能从中获得些什么呢？

心脏——第五大脑

　　心脏是最先形成的器官。一旦受孕成功，胎儿便会在22天后产生心跳。心脏独自享有一套复杂的神经系统，这一系统叫作"心脑"。由于心脏自带智慧，所以便有了神经心脏病学家常挂嘴边的"第五大脑"之美誉。这是因为先前人们已经认可四个大脑：爬虫脑、边缘系统（哺乳动物脑）、新皮质和前额叶皮质。于是，心脏就成了第五大脑。人们相信，第五大脑具有"超越凡俗"的力量，能够帮助人们超越身体束缚和自我限制，明心见性，坚持本我。

明心见性

　　日常生活中，人们常常执着于外物，而非内心。由于每时每刻都深陷思想和经历的泥沼，很少腾出时间享受独处时刻，自然很难从深层次来认识自己。

定期冥想有望帮助我们扭转该局面。因为于冥想中，我们便能倾听心声，明心见性，发现内在本我。冥想时，把"心"想象成一位有福同享、有难同当的知己好友。于是，你便发觉，心总会将你从风暴边缘带回安全地带，而置身安全地带，你便可造访内心的非凡之境。

第十一章 心智

探索之旅

- 你何时觉得自己与内心建立了联系?
- 假如你与内心没有联系,想一想究竟是什么让你与之断联了呢?
- 怎么做才能再次与内心建立联系?

绝地控心术

据说,一旦专注内心,人们便能连通宇宙万物,并从中获取无穷的智慧。在"爱的疗愈"耕耘33年的伦纳德·拉斯考博士相信,心是治愈一切的源泉。他甚至证实,源于内心的"爱"可以使肿瘤的生长速度至少减缓30%。

心对成长的重要性不容小觑。如果你想深入其里,敬请访问美国加利福尼亚州的心脏数理研究所。该所的研究人员自1991年起便致力于搭建沟通心脏和大脑的桥梁,经过不懈努力,他们已成功开发出了多种手段,科学验证二者的联系。

黑客信条 40

（1）修心禅定

下列方法来自畅销书作家格雷格·布雷登。你可以通过这些方法，与内心联络，发挥其督导的智慧和力量。

- 选择一个舒适的坐姿，闭上双眼，让注意力转移至内心。此处，闭上双眼无疑充当了注意力转换的信号。

- 关注心和心轮，连通你的心心念念。小提示：触碰你的心。可以将手掌放于胸部，或者双手合十，置于胸前，同时让拇指触摸心轮，也可以只是用手指轻轻触摸心轮。心轮位于胸部中央（胸骨处），心脏上方一点。一旦触及这一区域，觉知和注意力便会被引领至此。

- 放慢呼吸。给身体发送一个安全信号，因为只有安全了，呼吸才会放慢。这一安全信号能改变身体的化学成分，抚慰神经系统，让大脑恢复理智。当你进行慢速呼吸时，想象呼吸源自心脏。

- 培养下列感受之一：爱、欣赏、感激、体贴、同情。这些表现为身体化学反应的感受，可以激活心脏的能量，帮助我们舒缓身心、体验愉悦。同样，心脏与大脑的联系也能因此得以建立。

- 小坐一会儿，让某一种感受将你包围。如若没有问题困扰，那便止步于此；如若仍面临问题，那请继续进行下一个项目。

第十一章 心智

· 向内心发问，问个你想知道答案的问题。因为你的心会为你揭晓答案。问题一定要简明扼要，因为心不喜欢啰里啰唆，它的回答干净利落、一针见血。如若未果，那便继续来过。只是，这一次，要让身体明确，你正在孜孜以求的是内心智慧，而非自我。

禅定体验因人而异、不尽相同。该过程中，你可能感觉内心七上八下，一股暖流传遍全身，或是指尖发麻刺痛。有时，除了想法，你可能不会有任何躯体感觉；有时，你可能会同时体验到两种情况。要是一开始没有很多感觉的话，不妨多试几次！

（2）修心禅定与"最佳状态"

你可能还记得第八章提及的"伽马脑电波"。这些电波影响着人们的"高度注意力""超乎寻常的身心能力"以及"幸福感"。冥想时，尤其是在专注"内心"，并持有一颗感恩、同情且有爱之心时，伽马波便会增加。伽马波高度活跃的人往往格外聪明，富有同情心，且高度克己自制。

伽马脑电波越多，人们越能从中受益，也更容易处于"最佳状态"。因为，万物皆流，无一静止。正因如此，你将更加快乐、平静和满足，阅历更加丰富，注意力更加专注，大脑运作更加高效。于是乎，创造力、记忆力和自控力便会更上一层楼，你也将进入全新境界。

⏱ 60 秒速览

　　心脏就像大脑,可以帮助我们领略更深层次的智慧。

　　大脑和心脏通过迷走神经联结。因此,迷走神经的激活至关重要。

　　一旦发挥内心的力量,你便能开发超能力,拥有更强的直觉、快速学习、接触潜意识,并能未雨绸缪,决胜未来。

　　人们相信,第五大脑——心脏具有"超越凡俗"的力量,它可以让我们认识自己,成为自己。

　　一旦专注心灵冥想,伽马脑电波便会得到激活。这将帮助你进入"最佳状态",即一切皆流的状态。

　　修心禅定,明心见性,进行冥想,连通心脏与大脑。

后记

你，天选之子

所谓"天选之子"，不关乎"天降大任"而关乎"自强不息"。电影场景：

> 只见，黑压压的一片摩天大楼。大雨倾盆，一道道闪电给夜空撕开了一道又一道的口子。特工史密斯将尼奥从空中击落。他们如流星坠落般，一触及地面，便撞出一个巨型陨石坑。尼奥躺在泥沼中。
>
> 史密斯："为什么，安德森先生？为什么，为什么？你是为了什么？为什么你要站起来？为什么，你不放弃？难道就是为了某种信念，而不仅仅是为了自己？你能告诉我原因吗？"
>
> 尼奥艰难地从地上爬起来。
>
> 史密斯："为什么，安德森先生？你为什么还要坚持？！"
>
> 尼奥："那是我的选择。"
>
> （来自电影《黑客帝国3：矩阵革命》[1]）

---

[1] 电影《黑客帝国3：矩阵革命》于2003年上映，由沃卓斯基兄弟执导。

高举自由大旗的尼奥向我们阐明:造物者之无尽藏也,在于自由的意志。自由的意志是打破"母体"桎梏的无上妙法。踏上叛逆之路,你定将发现独属于自己的"力量"和"自由"!"夏酷暑,冬严寒。春也不死吾心,心所向将所成。"只要秉持这一态度,无论对内或对外,都将峰回路转,柳暗花明。

你,天选之子。

大胆去做,

定能得偿所愿!